bon temps 風格生活╳美好時光

甜點師完美技法全書
85道法國甜點一學就會，CAP專業證照輕鬆Get！

作　　者	達米安・杜克斯涅（Damien Duquesne）&賀吉斯・嘉諾（Regis Garnaud）
譯　　者	楊雯珺
執 行 長	陳蕙慧
總 編 輯	曹　慧
主　　編	曹　慧
美術設計	比比司設計工作室
行銷企劃	陳雅雯、尹子麟、張宜倩
社　　長	郭重興
發行人兼出版總監	曾大福
編輯出版	奇光出版／遠足文化事業股份有限公司 E-mail: lumieres@bookrep.com.tw 粉絲團：https://www.facebook.com/lumierespublishing
發　　行	遠足文化事業股份有限公司 http://www.bookrep.com.tw 23141新北市新店區民權路108-4號8樓 電話：（02）22181417 客服專線：0800-221029　傳真：（02）86671065 郵撥帳號：19504465　戶名：遠足文化事業股份有限公司
法律顧問	華洋法律事務所 蘇文生律師
印　　製	成陽印刷股份有限公司
初版一刷	2019年3月
初版二刷	2021年3月31日
定　　價	600元

有著作權・侵害必究・缺頁或破損請寄回更換
歡迎團體訂購，另有優惠，請洽業務部（02）22181417分機1124、1135
特別聲明：有關本書中的言論內容，不代表本公司/出版集團之立場與意見，文責由作者自行承擔

國家圖書館出版品預行編目（CIP）資料

甜點師完美技法全書：85道法國甜點一學就會，CAP
專業證照輕鬆Get！/ 達米安・杜克斯涅（Damien
Duquesne），賀吉斯・嘉諾（Regis Garnaud）著；
楊雯珺譯. -- 初版. -- 新北市：奇光出版：遠足文化發
行，2019.03

　面；　公分

譯自：Je passe mon CAP pâtissier en candidat libre

ISBN 978-986-97264-2-9（平裝）

1.點心食譜 2.法國

427.16　　　　　　　　　　　　　108000684

讀者線上回函

Je passe mon

CAP pâtissier

en candidat libre

甜點師
完美技法全書

85道法國甜點一學就會，CAP專業證照輕鬆Get！

法 國 主 廚 暨 餐 旅 學 校 教 師
達米安·杜克斯涅 & 賀吉斯·嘉諾 —— 著 楊雯珺 譯
Damien Duquesne　　　Régis Garnaud

Introduction

前言

當我20多年前遇見賀吉斯時，他已經擁有耀眼的職業經歷：在工匠職人組織Compagnons du Devoir當學徒，在法國巴黎銀行（Banque Paribas）及Scribe餐廳擔任主廚。我倆的交集從他在麗池（Ritz）擔任甜點副主廚開始，當時的我在這間巴黎奢華飯店聲名卓著的廚房實習。

只要我一得空，就會跑去看甜點部門在做什麼。這個領域對我幾近陌生，覺得跟（那個年代）陽剛味十足的廚房有天壤之別，令我目眩神迷。我會觀察賀吉斯和他的助手精確冷靜地執行工作，分毫不差地秤量所有材料……跟廚房完全相反，在那裡憑藉的更常是當下的直覺。

賀吉斯很快就接納了我，親切地給我許多食譜和建議，直到今天，我都還將它們應用在我的餐廳，加上一些自由創意，以我的廚師風格重新詮釋。

如今，賀吉斯成了我的摯友，也是甜點老師……當年他還小小嘲笑過我當時正在當的廚藝老師這份工作呢！我們交流了不少心得與經驗：我鼓勵他將承襲自眾家大師的技藝傳承下去，他則讓我愛上甜點。

我們希望透過這部作品貢獻所有本領，幫助讀者為考試做好最周全的準備，尤其是通過CAP（Certificat d'aptitude professionnelle，職業適任證書）甜點師證照的挑戰。先從教育層面說起，我們都是餐飲學校的講師，也是專業人士，這兩種身分讓我們能夠以較現代的視角和較符合潮流的調性，向讀者介紹經典的甜點，例如甜度較低的食譜、更輕盈爽口的質地，以及更時尚的視覺設計。

我們也認為，本書不應該因為具有教育性就得要枯燥乏味。我們希望它精美、引人垂涎、簡潔扼要，幫你打開通往甜點師這個美好職業的大門。

賀吉斯會這樣跟各位說：想成為甜點師，必須有條不紊、嚴謹精確且富有創意！如果你滿懷熱忱且具備這些優點，或你已準備好培養這些特質，請無畏地投身這場冒險，成為CAP甜點師。

達米安主廚

Contents ✂

◆ 前言 ………… 007

◆ 自學通過CAP證照考試 ………… 016

◆ 妥善安排 ………… 019

◆ 檢定當日 ………… 020

◆ 如何使用本書 ………… 022

◆ 甜點師學徒工具箱 ………… 024

◆ 甜點師食材 ………… 026

◆ 基礎糖漿 ………… 028

◆ 裝填擠花袋 ………… 030

Organisez-
vous!
Part 0
事前準備

1-1 基底塔皮 ………… 034

1-2 甜塔皮（附影片）………… 036

1-3 沙布蕾塔皮 ………… 038

1-4 油酥塔皮 ………… 040

1-5 奶酥粒和泡芙上的菠蘿皮 ………… 044

1-6 香草晶鑽沙布蕾酥餅（附影片）………… 047

1-7 香草巧克力沙布蕾酥餅（附影片）………… 051

1-8 覆盆子杏仁塔 ………… 055

1-9 法式布丁塔 ………… 058

1-10 蘋果塔 ………… 061

1-11 老奶奶蘋果塔（附影片）………… 065

1-12 布達魯耶洋梨塔 ………… 069

1-13 蛋白霜檸檬塔 ………… 073

1-14 巧克力塔 ………… 077

1-15 草莓香堤伊鮮奶油塔 ………… 081

1-16 藍莓塔 ………… 085

Les pâtes
friables et tartes
Part 1
酥鬆麵團與
塔派皮

La pâte
à choux
Part 2
泡芙麵糊

2-1　法式珍珠糖泡芙 ………… 091

2-2　覆盆子香堤伊泡芙（附影片 📹）………… 095

2-3　開心果閃電泡芙（附影片 📹）………… 099

2-4　巧克力修女泡芙 ………… 102

2-5　巴黎布雷斯特泡芙 ………… 107

2-6　莎隆堡泡芙（附影片 📹）………… 111

2-7　覆盆子聖多諾黑泡芙（附影片 📹）………… 114

Les pâtes
levées
Part 3
發酵麵團

3-1　牛奶麵包 ………… 121

3-2　甜扭結麵包 ………… 125

3-3　葡萄乾麵包 ………… 129

3-4　布里歐許麵團 ………… 132

3-5　巴黎布里歐許 ………… 135

3-6　三股辮麵包 ………… 139

3-7　南特布里歐許 ………… 143

3-8　原味可頌與巧克力可頌（附影片 📹📹）………… 147

Les pâtes battues
Part 4
麵糊類蛋糕

4-1 糖漬水果長條蛋糕 ………… 157
4-2 檸檬長條蛋糕 ………… 161
4-3 巧克力堅果長條蛋糕 ………… 165
4-4 香草檸檬瑪德蓮 ………… 169

La pâte feuilletée
Part 5
千層酥皮麵團

5-1 快速千層酥皮麵團（附影片 📹） ………… 174
5-2 千層酥皮麵團〔5折〕 ………… 177
5-3 蘋果拖鞋酥 ………… 181
5-4 達圖瓦派（附影片 📹） ………… 185
5-5 皇冠杏仁派 ………… 189
5-6 蝴蝶酥 ………… 193
5-7 香草焦糖千層派 ………… 197

Les meringues et appareils meringués
Part 6
蛋白霜餅和蛋白霜基底甜點

6-1 法式蛋白霜〔玫瑰帕林內變化版〕 ………… 202
6-2 義式蛋白霜（附影片 📹） ………… 204
6-3 瑞士蛋白霜〔蘑菇變化版〕（附影片 📹） ………… 206
6-4 覆盆子開心果馬卡龍（附影片 📹） ………… 209

Les biscuits
Part 7
乳沫類蛋糕

7-1 手指餅乾 ………… 214

7-2 全蛋海綿蛋糕 ………… 217

7-3 沙河蛋糕 ………… 220

7-4 杏仁達克瓦茲（附影片📹）………… 223

7-5 勝利杏仁蛋白脆餅 ………… 226

Les crèmes
Part 8
蛋奶醬

8-1 馬斯卡彭香堤伊鮮奶油 ………… 230

8-2 卡士達醬 ………… 232

8-3 卡士達鮮奶油 ………… 234

8-4 慕斯林奶油餡（附影片📹）………… 236

8-5 希布斯特香草奶油餡 ………… 238

8-6 布丁蛋奶醬 ………… 240

8-7 法式奶油霜〔炸彈蛋黃霜法〕………… 243

8-8 英式蛋奶醬 ………… 246

8-9 巴巴露亞蛋奶醬 ………… 248

8-10 杏仁奶油餡 ………… 250

8-11 莓果慕斯 ………… 252

8-12 巧克力慕斯〔炸彈蛋黃霜法〕………… 254

8-13 巧克力甘納許 ………… 256

Les
entremets
Part 9
多層次
蛋糕

9-1 三重巧克力蛋糕 ………… 261

9-2 紅艷莓果鏡面蛋糕 ………… 265

9-3 焦糖洋梨夏洛特 ………… 269

9-4 草莓園蛋糕 ………… 273

9-5 皇家巧克力蛋糕 ………… 277

9-6 黑森林蛋糕 ………… 281

9-7 覆盆子蛋糕 ………… 285

Les
décors
Part 10
裝飾

10-1 巧克力調溫＋裝飾（附影片📹）………… 290

10-2 杏仁膏裝飾 ………… 297

10-3 翻糖調溫 ………… 300

10-4 熬糖／焦糖 ………… 302

10-5 牛軋糖 ………… 304

10-6 帕林內脆片 ………… 306

10-7 有色鏡面淋醬 ………… 308

10-8 巧克力鏡面淋醬（附影片📹）………… 310

10-9 覆盆子醬（附影片📹）………… 312

Annexes
附錄

◆ 技法解釋與索引 ………… 316

◆ 致謝 ………… 318

Organisez-vous!

Part 0

事前準備

Passer son CAP
en candidat libre

自學通過CAP證照考試

如果你手上有這本書，顯然就是想展開自學成為專業甜點師的旅程，無論是基於個人興趣，還是想轉換職涯跑道。

別緊張！就算你已經30年沒考過試了，我們就在這裡為你引路。憑藉本書、你的動力和練習，一切都會迎刃而解。

每年5到6月會有一個給自由報考者的檢定。報名通常是在10月中到11月底。請參閱你想報考的學區網站。你需要準備一份高中畢業會考文憑的影本（或其他國家文憑），才能免考部分一般教育理論筆試項目（文學、歷史、數學、英文等）。

兩位作者達米安・杜克斯涅與賀吉斯・嘉諾主廚都是餐旅學校的教師。他們統整了各位在考試時需要的所有知識，瞭解可能遇到的阻礙，並且預測非專業人士的盲點。

他們在考試中看過無數跟你一樣的自學報考者，知道可能犯下哪些錯誤。他們也熟悉給分標準，能告訴你哪些是會讓人落榜的問題。

另有正職者沒有足夠時間可練習，也是他們不會忽略的一點。

我們的
目標

整合基礎知識和技能，
助你取得CAP證照。

考試包括幾個測驗

理論：庫存供應與管理（4分-考試時間2小時）

分成3部分：

+ **甜點技法**：這是專業人士的實境模擬。你必須在下列領域展現你的能力：產品選擇與產品來源、食譜中的食材比例、食譜中每個原料的技術性作用、使用注意事項、產品使用、保存與庫存的條件。你需要充分瞭解專業字彙才能完成這個考試。

+ **食品科學**：你必須瞭解食物的分類、疫病和特定術語，對營養學和生理學有一定的認識，知道如何閱讀物質安全資料表，並瞭解廚房內的配置、功能和設備。

+ **對公司及其經濟、法律和社會環境的瞭解**：你必須擁有基礎的法律、經濟與會計概念，並知道公司與合作夥伴和供應商之間的運作關係。

實作：製作甜點（11分-最長7小時）

考試先從30分鐘的調度開始，這段時間先寫下你怎麼規畫安排工作。如果是中午時分，請準備水和午餐以免浪費時間。實作過程中會有2個15分鐘的口試。每個評審會自行判定適當的口試時間，盡量不干擾甜點製作的進行。

第一個口答階段是關於專業技術：

1 **主要的專業詞彙**：定義、食材與用具之間的關係、手法與技巧。

2 **產品的感官品質**：主要的描述，味道、口感等發生錯誤時如何修正。

3 **製作技巧**：麵團、醬餡、煮糖、配料、裝飾元素與完工；使用的原物料、製作步驟、主要應用。

第二個口答階段是關於食品科學：

✦ 應用在專業製作上的物理化學特性
✦ 食物平衡
✦ 感官知覺
✦ 個人衛生
✦ 環境與材料衛生
✦ 安全
✦ 用於專業領域的材料和其特性

你通常要在早上7 :30分報到，請提前30分鐘，預留時間好找到考試的教室！

請注意，評審會在12月就公布的裝飾清單中，選擇一個主題要你製作。預先針對檢定當日可能出現的每個主題想好裝飾，以免浪費太多時間。

在實作考試中，你要完成四個項目：

✦ 一個多層次蛋糕 （Part 9）
✦ 一個塔（Part 1）
✦ 以泡芙麵糊（Part 2）或千層麵皮（Part 5）為基底的成品
✦ 一種維也納麵包（Part 3）：可能是以千層發酵麵團製作的成品，或是布里歐許或牛奶麵包。

Organiscz-vous !
妥善安排

考試前：最重要的是記得報名！

1 準備好你的「甜點師工具箱」（p.24）、一本活頁式筆記本用來寫下材料與比例（在檢定當日攜帶），以及一本準備工作筆記，記錄你的練習和評論。

2 時常上www.je-passe-moncap-patissier.com網站查看可資利用的理論部分。

3 經常練習寫下製作步驟與時間預估的調度安排。檢定當日你有30分鐘的時間可以完成這份工作時程的安排文件。不過，自由報考者通常會忽略這個書寫部分，認為這不重要。這是天大的錯誤！管理製作過程中每個階段的工作時間是通過本檢定的關鍵，也是自由報考者的弱點。他們經常因為時間不足而無法通過檢定。

4 規畫練習時間表，以便能完整練習所有項目，最好一週練習數個。如果缺乏時間，請參考www.je-passe-moncap-patissier.com網站上的資訊，集中火力在幾個最常上榜的基礎項目上。

5 在家至少安排兩次實作模擬考。這對於確認你是否能在規定時間內完成所有項目至關重要。最理想的狀況是在6小時45分鐘內完成考試。因為在檢定當日，你會有點手忙腳亂而浪費時間。

6 購買優質食材（p.26）：好麵粉、專業人士使用的食材等，到處都可買到。

7 參考可能在實作測驗中出現的裝飾主題，練習製作多層次蛋糕的裝飾（有時候也會要求在塔派上裝飾）。

8 收到正式通知書後，即可聯絡你檢定所在地的餐飲學校校務部門，申請造訪學校和廚房。有些機構會安排數天的參觀日，專門保留給自由報考者，以便回答你的所有問題並帶你參觀場地。好好詢問清楚，問問檢定當日的流程安排，以及你是否可以攜帶自己的色素、杏仁膏、翻糖和切模。

檢定當日：實作檢定當日要攜帶什麼？

用具：應攜帶的用具清單會隨通知書一起在檢定前約三週寄出，也就是說，為了讓你更方便自在，你可以攜帶自己的用具。總之，以下是檢定當日應當準備的實用品項清單：

- 數個計時器
- 用硬紙板剪出的模板
- 電子磅秤
- 附鬧鐘的測溫儀
- 擠花袋（以Mastrad®為佳）和花嘴
- 擀麵棍
- 濾網
- 拋棄式模具，可用來秤重，不必額外準備用具。而且如果考試的機構沒有指派副手給你，你也可以免除清洗用具的麻煩
- 透明保鮮膜

- 吸油紙
- 用烘焙紙做成的各種尺寸圓錐擠花袋，避免浪費時間。
- 隔熱手套
- OK繃
- 可使用自己的食譜筆記，但內容只能包含材料和份量
- 掛鎖，用來鎖上你的置物櫃
- 膠帶，做為提醒之用，和製作巧克力裝飾
- 幾枚硬幣，因為有些學校會收取檢定報名相關費用（約5歐元）

穿著（一定要在檢定日前準備妥當）

- 白色防滑安全鞋，前端需有保護墊
- 白色長褲或千鳥格紋長褲
- 白色廚師袍。建議你盡量保持儀表乾淨，不要把髒污抹在身上，可以在評審心中加分。

- 有綁帶或沒有綁帶的白色無花紋圍裙。
- 防掉髮帽（護髮帽、無邊軟帽、高邊廚師帽）

原物料由檢定中心提供。有些中心甚至會提供已經調溫好的巧克力,非常方便省時:可以試著向你的檢定中心詢問。

檢定當日的安排:

+ 嚴格遵守你的工作安排內容,每個階段15分鐘。這可以讓你設想和預測製作過程、冷凍的時間、靜置的時間、烹調的時間等。這樣的時間安排也可以讓你知道自己是否進度落後,在真的落後時加快速度,以便及時完成。
+ 留意靜置和冷卻的時間:先從千層酥皮、發酵麵團和需要長時間冷卻的奶醬開始做起。需要溫熱品嘗的品項放在最後製作(例如瑪德蓮)。通常,會先從

維也納麵包開始做起,然後是多層次蛋糕、泡芙麵糊,塔則是最後製作。不過,同時開始進行多個品項也是可以的。
+ 記得在時間安排中加入吃飯休息的時間(30分鐘,強制性)。詢問評審確切的時間,通常在上午11:30到13:00之間。這當然是包括在整個檢定的時間內,也就是說最多7小時+30分鐘吃飯休息。

技術說明:你並非一定要完全遵照說明,這只具指示性質。

會提供你兩種類型的烤箱:

+ 旋風式烤箱,建議用來烘烤餅乾、千層發酵酥皮類的維也納麵包(如原味可頌和巧克力可頌)、千層酥皮麵團和塔。
+ 立地式烤箱,建議用來烘烤泡芙、布里歐許和牛奶麵包。

Comment utiliser ce livre?

如何使用本書

這部著作嚴格遵循CAP甜點師證照專業能力表,亦即考試項目。為方便使用,並使讀者融會貫通考試內容,我們將本書分成10個類別。

每個類別都會包括基礎知識和/或附有逐步操作的完整食譜。製作完整食譜時,請根據所列的參考頁數參閱相應的基礎知識。

請勿跳過任何部分,在考試的大日子,任何技能知識都可能派上用場。

要想完成四種端得上檯面的甜點/維也納甜麵包,你絕對需要運用我們在所有張節中傳授的專業技識。

+ 酥鬆麵團與塔派皮
  基礎知識+完整食譜

+ 泡芙麵糊
  基礎知識+完整食譜

+ 發酵麵團
  基礎知識+完整食譜

+ 麵糊類蛋糕
  完整食譜附基礎知識

+ 千層酥皮麵團
  基礎知識+完整食譜

+ 蛋白霜餅和蛋白霜基底甜點
  基礎知識+完整食譜

+ 乳沫類蛋糕
  基礎知識

+ 蛋奶醬
  基礎知識

+ 多層次蛋糕
  完整食譜

+ 裝飾
  基礎知識

〔每道食譜都會提供豐富實用的綜合資訊，幫助你做好準備。〕

基礎知識包含：

◆ 定義

◆ 運用於本書中的哪些食譜

◆ 所需材料

◆ 應精通的技法

◆ 訣竅

◆ 檢定當日成功製作食譜的建議

食譜包含：

◆ 所需材料

◆ 應精通的技法

◆ 基礎食譜

◆ 訣竅

◆ 檢定當日成功製作食譜的建議

除了食譜，還會列出有助你準備考試的重要事項：

◆ 規畫安排上的建議（p.9）

◆ 甜點師學徒工具箱（p.24）

◆ 應該具備的專業級食材及其運用方式（p.26）

◆ 應知道並嫻熟的技法名詞解釋（p.316）

另外，你也可上網查詢參考：

◆ 理論考試的綜合複習資料

◆ 兩位主廚製作的20部影片，幫助你掌握練習！（編按：影片中的食譜，所用食材和份量與書中食譜或有出入，請以書中指示為準，影片僅供示範甜點技法參考。）

◆ 請造訪：www.je-passe-mon-cap-patissier.com！

La boîte à outils de l'apprenti pâtissier

甜點師學徒工具箱

除了為應考準備的設備（p.20），
以下列出在家有效練習並完成本書所有食譜的必備工具

切割工具

+ 削皮刀
+ Microplane®刨刀
+ 剪刀
+ 刀具（水果刀、大刀、鋸齒刀）
+ 挖球器
+ 塔皮花邊夾鑷
+ 刨絲切片器

其他工具

+ 刮板
+ 刮刀
+ 打蛋器
+ 曲柄抹刀
+ 直柄抹刀
+ 抹刀
+ 勺子
· 甜點刷
+ 戳洞滾輪
+ 花嘴（各種直徑與造型，金屬或塑膠製）
+ Silpat®不沾烘焙墊
+ 濾網
+ 圓錐型過濾器
+ 篩子

模具和切模

+ 不同尺寸與高度的不銹鋼方形與圓形框模
  （食譜要求的尺寸通常介於直徑16到22公
  分，高度1.5到4.5公分之間）
+ 不同形狀和尺寸的切模
+ 模具：布里歐許（單個）、蛋糕、瑪德
  蓮、夏洛特

消耗品

+ 烘焙紙
+ 保鮮膜
+ 塑膠片／塑膠圍邊
+ 吸油紙
+ 金色紙板，用於多層式甜點墊底或紙模
+ 一次性擠花袋

大型用具

+ 烤盤
+ 擀麵棍
+ 烤架
+ 砧板
+ 打蛋盆
+ 有柄平底深鍋
+ 火焰噴槍

小型電器

+ 烹飪用溫度計
+ 攪拌機
+ 調理機
+ 電動打蛋器
+ 手持式調理棒
+ 高精密電子秤

大型電器

+ 電爐
+ 烤箱
+ 微波爐
+ 冰箱
+ 冷凍庫

Les ingrédients du pâtissier
甜點師食材

選擇高品質食材是首要之務，也是食譜製作成功的關鍵。

你可以在大賣場找到大部分食材，只有少部分需要在烘焙專賣店購買。大城市都有這類店家，也可以上網訂購。

以下列出幾項你需瞭解的麵粉基礎知識，在本書中，如果沒有特別說明，建議使用T45（低筋）麵粉。

類型	名稱	應用
T45	特白基本麵粉	可頌、巧克力麵包、千層酥皮、糕點
T45	精製麵粉或硬麥麵粉	布里歐許、牛奶麵包、可頌、巧克力麵包
T55	常用白麵粉	蛋糕、餅乾、酥鬆麵團
T65	乳白色麵粉	蛋糕、餅乾與麵包
T80	灰褐色麵粉	蛋糕、餅乾與鄉村麵包

註：精製麵粉或硬麥麵粉通常是T45或T55形式，含較多麩質，可讓麵團富有彈性，因此用於製作發酵麵團。

以下列出完成本書食譜所需的產品和技術。瞭解這些專業食材的特性和應用非常重要。

Mycryo®可可脂
粉狀的天然可可油脂。

乾奶油
乾奶油又稱為內層奶油，油脂含量（84%）較一般奶油（82%）高，用於製作千層酥皮。

調溫巧克力
富含可可脂的巧克力，用於製作甜點和糖果。

非調溫巧克力
可可脂含量較調溫巧克力低，不必調溫，較常用於製作蛋糕體、慕斯或甘納許。

液狀或粉狀食用色素
用於增加備料的色彩鮮豔度，可根據需要選擇液狀或粉狀，請極小量謹慎使用。

白翻糖
以糖和水為基礎製作而成，質地黏稠緻密，通常用於修女泡芙、閃電泡芙和其他甜點的淋面。由於顏色雪白，翻糖師傅經常會加入食用色素，為甜點增添色彩。

葡萄糖
具有抗結晶特性的糖，以無色濃稠糖漿的形式販售。

無色透明鏡面果膠
又稱為果膠淋面，以糖、水和葡萄糖糖漿製作而成，用來覆蓋甜點表面，可賦予甜點光澤和穩定性，有助甜點保存。

薄捲餅碎片
嘉味提Gavottes®薄脆餅的碎片，用來為備料增添酥脆口感。

巧克力鏡面淋醬
分成金色、白色或棕色，這種模仿巧克力的備料主要用來製作多層次蛋糕的淋面。

可可膏
整塊純巧克力（100%可可），為甘納許、蛋奶醬、慕斯等增添濃厚的巧克力風味。

開心果膏
開心果研磨軋碎後的綠色膏狀物，風味濃郁。

奶醬粉
又稱為卡士達粉，是以玉米澱粉為基礎的材料，用來增添濃稠度，主要用於製作奶醬或布丁。

帕林內果仁醬
杏仁和／或榛果用糖拌煮後攪碎成為濃稠的糊醬。

Les sirops de base

基礎糖漿

〔準備時間：3分鐘〕

定義：用水溶解糖而成的濃稠液體。
請熟悉糖漿的製作方式，因為這是在專業甜點中經常用到的材料。

〔用具〕

✦ 乾淨的有柄平底深鍋
✦ 甜點刷
✦ 烹飪用溫度計

〔材料〕

✦ 細砂糖
✦ 水

你知道嗎？

糖漿稠度是抽象的概念，根據其質地來定義，但能夠以波美度來衡量。可以使用密度計測量，但並非絕對必要，只需遵照下列步驟製作即可得到正確稠度。

30度糖漿（即波美度30度）最為常用。

訣竅
Tips

為了避免糖液濺起，在鍋壁上結晶，加熱過程中可用沾濕的刷子掃過鍋壁。
選擇非常乾淨且容量適合製作糖漿量的容器。
當然也可以為糖漿增添其他風味，例如加入果泥、香草或酒。

檢定
當日

如果你想到之後會用糖漿來稀釋翻糖、製作炸彈蛋黃霜，或塗在多層次蛋糕的海綿蛋糕片上增添濕潤感，請在考試一開始立即製備，最多需要3分鐘。
但不要製作太多，不然評審可能會批評你浪費食材。

〔做法〕

1　水倒入有柄平底深鍋。

2　加入糖。

3　適度攪拌讓糖溶解。

4　加熱至沸騰冒泡，待糖完全溶解。

以下列出幾種常用糖漿，差別在於根據應用和想要的效果加減糖量。

> ✦ 500克水＋125克糖＝淡糖漿
>
> ✦ 500克水＋175克糖＝10度糖漿
>
> ✦ 500克水＋250克糖＝16度糖漿
>
> ✦ 500克水＋400克糖＝20度糖漿
>
> ✦ 500克水＋675克糖＝30度糖漿

Garnir une poche à douille

裝填擠花袋

〔用具〕

✦ 擠花袋

✦ 擠花嘴

✦ 刮板

訣竅
Tips

麵糊或糊料越稀，
越需要在步驟4做好「圍堵」的動作，
也越難做出均勻的擠花效果。

檢定當日

檢定當日應該充分練習，但不要花超過5分鐘時間。
你在檢定日的所有實作項目都將用到這項技巧。

〔做法〕

1　星形花嘴或平口花嘴放入塑膠擠花袋。

2　配合花嘴尺寸剪掉擠花袋尖端。

3　視需要用剪刀剪掉擠花袋邊緣，方便作業。

4　扭轉擠花袋剪口處塞入擠花嘴，避免在裝填擠花袋時材料溢出。

5   反折擠花袋上緣，蓋在手上，借助刮板仔細地裝入材料。用擠花袋蓋住的那手穩穩拿住。

6   反折的部位翻回原位，在平坦的工作檯面上，視需要用刮板將材料往下推以擠出空氣，並使擠花袋上方沒有殘餘的材料。

7   擠花袋上緣繞在其中一手的手指上，以便推送材料，另一隻手則用來控制擠花袋，以便擠出均勻的形態。

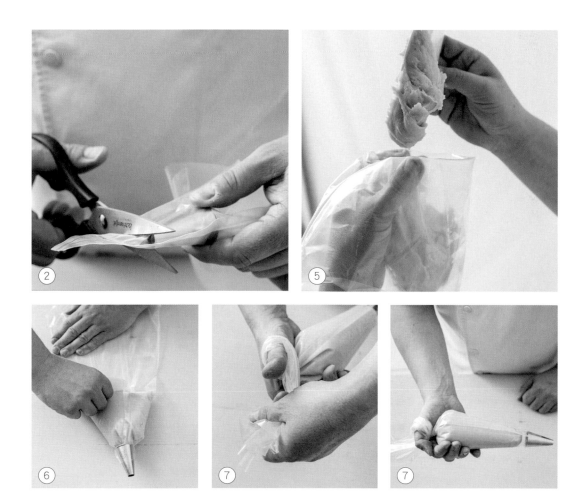

Les pâtes
friables et tartes

Part 1

酥鬆麵團與
塔派皮

Pâte à foncer

1-1

基底塔皮

〔準備：10分鐘／靜置：30分鐘〕

定義：用於各種塔派的基礎麵團，如其名稱所示，用於鋪填在模具底部。

1個直徑20公分
圓形塔皮

訣竅
Tips

在工作檯面和擀
麵棍表面撒上一
層薄薄麵粉，避
免麵團沾附。

〔用具〕

+ 打蛋盆
+ 刮板
+ 保鮮膜
+ 擀麵棍
+ 直徑20公分、高1.5公分
  不銹鋼圓形模具

〔基礎應用〕

+ 法式布丁塔（p.58）　+ 蘋果塔（p.61）
+ 老奶奶蘋果塔（p.65）　+ 布達魯耶洋梨塔（p.69）

〔材料〕

+ 175克 ················· 麵粉
+ 90克 ················· 奶油
+ 20克 ················· 蛋黃
+ 20克 ················· 牛奶
+ 20克 ················· 細砂糖
+ 3克 ················· 鹽

〔做法〕

1　準備所有材料並秤好份量。

2　**沙化麵粉和奶油：**用指尖將
　　混合物搓成沙狀。

3　攪拌蛋黃和牛奶，倒入上述
　　混合物中。

4　加入糖和鹽。

5　快速攪拌，不要讓麵團變得過於扎實，以免產生筋度。

6　**揉麵**：推揉麵團，然後弄散，以便均勻混合所有材料又不至於產生太高筋度。用保鮮膜包住麵團，放入冰箱靜置30分鐘。

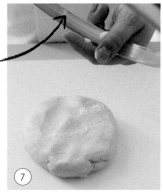

7　模具內部塗抹奶油。

8　使用擀麵棍擀平麵團，厚度約3-4公釐。

9　切除麵皮多餘部分，做出想要的圓盤形狀。

10　麵皮裝入模具。

11　鋪填模具，讓麵皮與模具緊密貼合。

12　用擀麵棍滾過模具上方，去除多餘的麵皮。

13　輕壓內部邊緣，做出平滑的表面。

模具塗上奶油的主要作用是讓麵皮不塌陷，也更容易脫模。

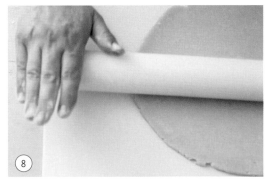

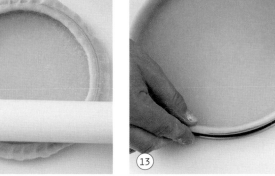

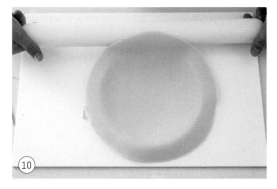

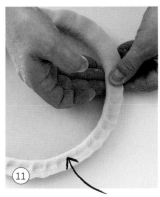

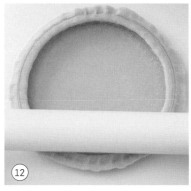

輕壓麵皮邊緣表面，讓麵團黏附。

檢定當日

考試時，製作麵團的時間不應超過10分鐘。必須充分冷藏後才能使用。

TECHNIQUE
看影片學技法

Pâte sucrée

1-2

甜塔皮

〔準備：15分鐘／靜置：冷藏1小時或冷凍10分鐘〕

定義：不太酥鬆的塔派麵團，比製作沙布蕾塔皮（p.29）的技術性高。

〔用具〕

+ 打蛋盆
+ 打蛋器
+ 刮板
+ 保鮮膜
+ 擀麵棍
+ 直徑20公分、高1.5公分不銹鋼圓形模具
+ 叉子或快速戳洞針滾輪

1個直徑20公分
圓形塔皮

甜點師
技法

霜化奶油
擀麵
鋪填模具

〔基礎應用〕

+ 蛋白霜檸檬塔（p.73）
+ 巧克力塔（p.77）
+ 草莓香堤伊鮮奶油塔（p.81）

〔材料〕

+ 100克	半鹽奶油
+ 70克	糖粉
+ 1克	鹽
+ 35克	蛋液
+ 175克	麵粉
+ 28克	杏仁粉

檢定
當日

等到麵團充分冷藏後才擀麵，不然可能會沾黏。
如果麵團還是有點黏，可以放在兩張烘焙紙中間擀平。

〔做法〕

1　使用打蛋器將奶油打成乳霜狀，做出奶油糊。

2　加入糖粉和鹽，以打蛋器或刮刀用力攪拌。

3　加入蛋液。

4　用手或刮刀拌入麵粉和杏仁粉，快速攪拌，不要讓麵團變得過於扎實，以免產生筋度。

5　使用刮板將麵糊聚集成團，放在保鮮膜上。

6　壓平後包上保鮮膜。

7　冷藏靜置1小時，或冷凍10分鐘。

8　使用擀麵棍擀平麵團，戳洞，鋪入已塗奶油的模具（參閱p.34瞭解鋪填技巧）。

訣竅

Tips

可在加入麵粉時加入少許現磨檸檬皮碎。

Pâte sablée

1-3

沙布蕾塔皮

〔準備：15分鐘／靜置：冷藏1小時或冷凍10分鐘〕

定義：酥脆的塔派麵團，製作非常簡便，可讓水果類塔派美味倍增。

1個直徑20公分
圓形塔皮

甜點師
技法

沙化
揉麵
擀麵
鋪填模具

〔用具〕

✦ 打蛋盆
✦ 刮板
✦ 擀麵棍
✦ 保鮮膜
✦ 直徑20公分、高1.5公分
　不銹鋼圓形模具
✦ 叉子或快速戳洞針滾輪

〔基礎應用〕

✦ 藍莓塔（p.85）

〔材料〕

✦ 250克 ············· 麵粉
✦ 175克 ············· 奶油
✦ 5克 ················· 鹽
✦ 10克 ··············· 糖粉
✦ 50克 ··············· 蛋液

訣竅
Tips

可以使用香料為
麵團增添風味。

檢定
當日

等到麵團充分冷藏後才擀麵，不然可能會沾黏。
如果麵團還是有點黏，可以放在兩張烘焙紙中間擀平。

〔做法〕

1 **沙化麵粉、奶油、鹽和糖粉：**用指尖將混合物搓成沙狀。

2 在糊料中間挖一個洞。

3 洞中加入蛋液。

4 快速攪拌，不要讓麵團變得過於扎實，以免產生筋度。

5 **揉麵一次：**推揉麵團，然後弄散，以便均勻混合所有材料又不至於產生太高筋度。

6 用刮板將麵糊聚集成團，放在保鮮膜上。

7 壓平後包上保鮮膜。

8 冷藏靜置1小時，或冷凍10分鐘。

9 使用擀麵棍擀平麵團，叉洞，鋪入已塗奶油的模具（參閱p.34瞭解鋪填技巧）。

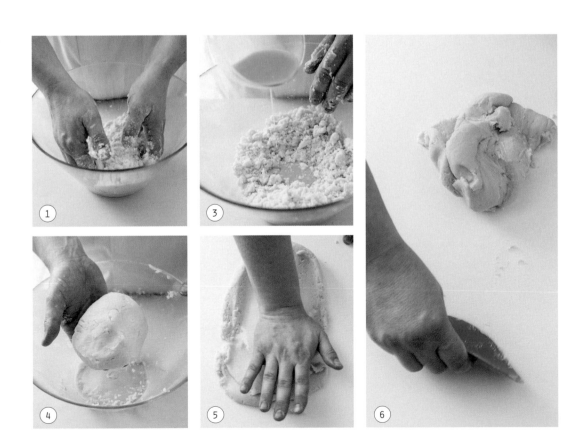

Pâte brisée

〔1-4〕

油酥塔皮

〔準備：15分鐘／靜置：冷藏1小時或冷凍10分鐘〕

定義：製作簡單快速的塔派麵團，可用於製作甜點或鹹點（若用於鹹點則麵團不加糖粉）。

1個直徑18公分
圓形塔皮

訣竅

Tips

這種麵團最
適合製作各
種水果塔。

〔用具〕

+ 打蛋盆
+ 刮板
+ 擀麵棍
+ 保鮮膜
+ 直徑18公分、高1.5公分
  不銹鋼圓形模具
+ 叉子或快速戳洞針滾輪
+ 水果刀

〔基礎應用〕

+ 覆盆子杏仁塔（p.55）

〔材料〕

+ 150克 ⋯⋯⋯⋯⋯⋯⋯⋯ 奶油
+ 250克 ⋯⋯⋯⋯⋯⋯⋯⋯ 麵粉
+ 5克 ⋯⋯⋯⋯⋯⋯⋯⋯⋯⋯ 鹽
+ 10克 ⋯⋯⋯⋯⋯⋯⋯⋯ 糖粉
+ 1/2根 ⋯⋯ 香草莢，縱切取籽
+ 50克 ⋯⋯⋯⋯⋯⋯⋯⋯ 蛋液
+ 25克 ⋯⋯⋯⋯⋯⋯⋯⋯ 牛奶

〔做法〕

1　**沙化奶油、麵粉、鹽、糖粉和香草莢：**用指尖將混合物搓成沙狀。

2　**加入液體材料：**蛋液和牛奶。

3　快速用手混合，不要讓麵團變得過於扎實，以免產生筋度。

4 **揉麵一次**：推揉麵團，然後弄散，以便均勻混合所有材料又不至於產生太高筋度。

5 使用刮板將麵糊聚集成團，放在保鮮膜上。

6 壓平後包上保鮮膜。

7 冷藏靜置1小時，或冷凍10分鐘。

8 用擀麵棍擀平麵團。

9 使快速戳洞針滾輪或叉子在整個麵皮表面戳洞。

10 鋪入已塗奶油的模具（參閱p.34瞭解鋪填技巧）。

11 用水果刀切除多餘麵皮。

檢定
當日

等到麵團充分冷藏後才擀麵，不然可能會沾黏。
如果麵團還是有點黏，可以放在兩張烘焙紙中間擀平。

Pâte à crumble
et craquelin pour choux

〔1-5〕

奶酥粒和泡芙上的菠蘿皮

〔準備：15分鐘／靜置：1小時〕

定義：酥脆沙鬆的麵團，用於製作水果奶酥或泡芙上的菠蘿皮。

385克
麵團

〔用具〕
✦ 附葉片攪拌機
✦ 塑膠片
✦ 擀麵棍
✦ 切模

〔材料〕
✦ 115克 ………… 奶油
✦ 135克 ……… 黃砂糖
✦ 135克 ………… 麵粉

〔基礎應用〕
✦ 覆盆子香堤伊泡芙（p.95）
✦ 開心果閃電泡芙（p.99）
✦ 巧克力修女泡芙（p.102）
✦ 莎隆堡泡芙（p.111）

甜點師
技法

沙化
揉麵

訣竅
Tips

可以使用堅果粉取代部分麵粉，如：杏仁、開心果或榛果。也可以改用半鹽奶油讓風味更豐富。

〔做法〕

1　在附攪拌葉片的攪拌機中，沙化所有材料：一開始會形成鬆沙狀麵糊。

2　讓機器持續運轉，直到麵團質地均勻。

①

②

3   **製作奶酥**：麵團捏碎成粗粒狀，撒在水果表面，放入預熱至180℃（刻度6）的烤箱。

4   **製作菠蘿皮**：麵團放在兩片塑膠片之間，用擀麵棍擀到非常薄。

5   麵皮放入冷凍庫1小時。

6   用切模將冷凍麵皮切成泡芙適用的大小。

7   在剛擠好的泡芙麵糊頂端放上菠蘿皮。

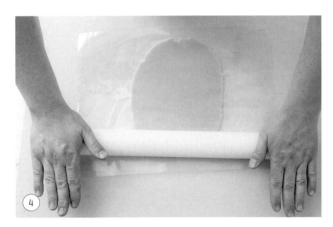

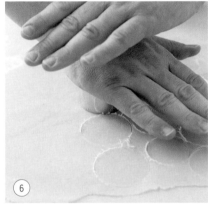

檢定
當日

從冷凍庫取出麵皮後立即作業，以免麵糊黏在切模上。分兩階段進行，
波蘿皮分好後，再放入冷凍庫15分鐘，然後以冷凍狀態放在泡芙麵糊上。

TECHNIQUE
看影片學技法

Sablés diamant vanille

〔 1-6 〕

香草晶鑽沙布蕾酥餅

〔準備：25分鐘／烘烤：18分鐘／靜置：冷藏1小時或冷凍10分鐘＋冷卻〕

60個
沙布蕾酥餅

甜點師
技法
┈┈┈┈┈
沙化
揉麵

〔用具〕	〔材料〕	
✦ 篩子	✦ 260克 ┈┈┈┈┈	T55麵粉
✦ 附葉片攪拌機	✦ 1.5克 ┈┈┈┈┈	發粉
✦ 打蛋盆	✦ 150克 ┈┈┈┈┈	半鹽奶油
✦ 刮刀	✦ 50克 ┈┈┈┈┈	細砂糖
✦ 刮板	✦ 2克 ┈┈┈┈┈	鹽之花
✦ 烤盤	✦ 1根 ┈┈ 香草莢，縱切取籽	
✦ 刀子	✦ 63克 ┈┈┈┈┈	鮮奶油
	✦ 20克 ┈┈┈┈┈	蛋黃
	✦ 300克 ┈┈ 黃砂糖或糖粉	

訣竅
Tips

可以使用喜歡的香料或現磨柑橘類水果的皮來為麵團增添風味。
這種生麵團可以長時間冷凍保存，對專業師傅來說非常方便。

〔做法〕

1　以160℃（刻度5-6）預熱烤箱。

2　麵粉和發粉過篩。

3　使用裝上葉片的攪拌機，沙化奶油、過篩的麵粉與發粉、細砂糖、鹽之花和香草籽：
　　一開始會形成鬆沙狀麵糊。

4　加入鮮奶油和蛋黃。

5　混合麵糊但不要過度攪拌。

6　**倒在工作檯面，揉麵一次：**推揉麵團，然後弄散，以便均勻混合所有材料又不至於產
　　生太高筋度。

7　做成直徑3公分的圓柱體。

③　④　⑤

建議
Point　　麵團溫度越低，
　　　　　越能切成形狀一致不走樣的酥餅。

8 圓柱麵團滾裹上黃砂糖或晶糖。

9 圓柱麵團冷藏1小時或冷凍10分鐘。

10 圓柱麵團充分冷藏後，切成8公釐的厚片。

11 以一前一後的排列方式排在烤盤上。

12 送入烤箱烘烤18分鐘。

13 烤好後小心移到烤架上，以便保有沙布蕾酥餅的鬆脆口感。

14 完全冷卻的酥餅可放在保鮮盒最多一星期。

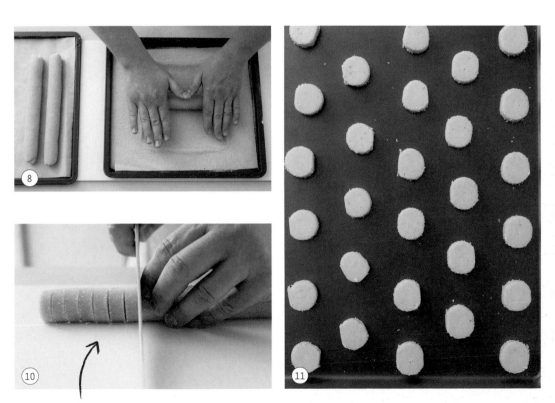

冷凍後的沙布蕾塔皮較容易切割。

Sablés damier
vanille-chocolat

1-7

TECHNIQUE

看影片學技法

香草巧克力沙布蕾酥餅

〔準備：45分鐘／烘烤：15～20分鐘／靜置：冷藏1小時或冷凍10分鐘＋冷卻〕

〔用具〕

+ 篩子
+ 附葉片攪拌機
+ 打蛋盆
+ 刮刀
+ 刮板
+ 烤盤
+ 刀子
+ 2支1公分厚的尺
+ 擀麵棍
+ 甜點刷
+ 塑膠片

〔材料〕

+ 1顆打過的蛋液
  （用於烘烤上色）

香草沙布蕾

+ 250克 ················· 麵粉
+ 100克 ················· 奶油
+ 50克 ················· 半鹽奶油
+ 100克 ················· 細砂糖
+ 50克 ················· 杏仁粉
+ 1根 ······ 香草莢，縱切取籽
+ 50克 ················· 蛋黃

巧克力沙布蕾

+ 240克 ················· 麵粉
+ 100克 ················· 奶油
+ 50克 ················· 半鹽奶油
+ 30克 ················· 杏仁粉
+ 100克 ················· 細砂糖
+ 25克 ················· 可可粉
+ 1根 ······ 香草莢，縱切取籽
+ 50克 ················· 蛋黃

訣竅
Tips

可以將沙布蕾酥餅做成各種形狀，
例如螺旋狀或太極狀。

甜點師
技法

沙化
擀麵

建議
Point

麵團溫度越低，越能切成
形狀一致不走樣的酥餅。

〔做法〕

1 **香草沙布蕾**：根據沙布蕾酥餅的做法（p.47，到步驟6為止）製作香草沙布蕾塔皮，放入冰箱1小時或在冷凍庫10分鐘。

2 **巧克力沙布蕾**：根據沙布蕾酥餅的做法（p.47）製作巧克力沙布蕾塔皮，在步驟3加入可可粉。放入冰箱1小時或在冷凍庫10分鐘。

3 在兩支1公分厚的尺中間放置麵團擀開。留下多餘的香草麵團，做為沙布蕾酥餅的外圈。

4 每片麵團都切成寬1公分的長條。

5 用甜點刷為每個長條刷上蛋液，以便烤出金黃色澤。

6 交錯疊放兩種顏色的麵團。

7 放入冷凍庫至少10分鐘讓麵團冰硬，以便切出齊整的形狀。

③ 用尺即可在任何平面上將麵團擀成1公分厚。

④

⑤

在每個長條刷上蛋液，以便黏合。

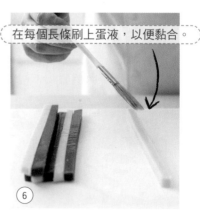

⑥

8　在塑膠片上放置剩餘的香草麵團，擀成2公釐厚。

9　刷上蛋液。

10　還很冰涼的棋盤狀麵團放在香草麵皮中央。

11　根據棋盤狀麵團的長度切出香草麵皮。

12　用香草麵皮完全包住棋盤狀麵團，接縫處黏緊。

13　麵團再度放回冷凍庫。烤箱以170℃（刻度6）預熱。

14　取出後切成1公分厚的齊整方片。

15　在烤盤擺上沙布蕾。

16　送入烤箱烘烤15到20分鐘。

17　烤好後小心移到烤架上，以便保有沙布蕾酥餅的鬆脆口感。

18　完全冷卻的酥餅可放在保鮮盒最多一星期。

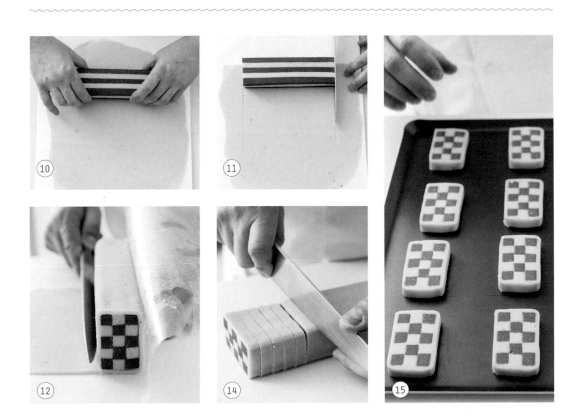

Tarte amandine framboise

1-8
覆盆子杏仁塔

〔準備：45分鐘／烘烤：45分鐘／靜置：冷藏1小時或冷凍10分鐘＋冷卻〕

〔用具〕

+ 打蛋盆
+ 刮板
+ 保鮮膜
+ 擀麵棍
+ 叉子或快速戳洞針滾輪
+ 直徑18公分、高1.5公分 圓形模具
+ 水果刀
+ 烤盤
+ 打蛋器
+ 濾網
+ 曲柄抹刀
+ 甜點刷
+ 濾網

〔基礎應用〕

+ 油酥塔皮（p.40）
+ 杏仁奶油餡（p.250）
+ 覆盆子醬（p.312）

〔材料〕

油酥塔皮

+ 150克 ⋯⋯⋯⋯⋯⋯ 奶油
+ 250克 ⋯⋯⋯⋯⋯⋯ 麵粉
+ 5克 ⋯⋯⋯⋯⋯⋯⋯⋯ 鹽
+ 10克 ⋯⋯⋯⋯⋯⋯ 糖粉
+ 1/2根 ⋯⋯ 香草夾，縱切取籽
+ 50克 ⋯⋯⋯⋯⋯⋯ 蛋液
+ 25克 ⋯⋯⋯⋯⋯⋯ 牛奶

杏仁奶油餡

+ 65克 ⋯⋯⋯⋯⋯⋯ 奶油
+ 35克 ⋯⋯⋯⋯⋯⋯ 細砂糖
+ 1/2根 ⋯⋯ 香草夾，縱切取籽
+ 50克 ⋯⋯⋯⋯⋯⋯ 蛋液
+ 65克 ⋯⋯⋯⋯⋯⋯ 杏仁粉
+ 5克 ⋯⋯⋯⋯⋯⋯⋯ 麵粉
+ 5克 ⋯⋯⋯⋯⋯⋯ 蘭姆酒

1個直徑18公分
甜塔

餡料與裝飾

+ 125克 ⋯⋯⋯⋯⋯⋯ 冷凍覆盆子
+ 125克 ⋯⋯⋯⋯⋯⋯ 新鮮覆盆子
+ 10克 ⋯⋯⋯⋯⋯⋯ 杏仁片
+ 100克 ⋯⋯ 覆盆子醬（p.296）
+ 30克 ⋯⋯ 無色透明鏡面果膠
+ 25克 ⋯⋯⋯⋯⋯⋯ 椰肉絲
+ 糖粉
+ 幾片 ⋯⋯⋯⋯⋯⋯ 薄荷葉

訣竅
Tips

可以使用不同水果做出變化版，以水分不多者
為佳，如：西洋梨、蘋果、藍莓、櫻桃等。

〔做法〕

1　**油酥塔皮**：製作油酥塔皮（p.40）並鋪填在模具中。放到烤盤上。

2　**杏仁奶油餡**：製作杏仁奶油餡（p.250）。

3　烤箱以170℃（刻度6）預熱。

4　**餡料與裝飾**：弄碎冷凍覆盆子，加進杏仁奶油餡中。

5　用刮刀攪拌均勻。

6　在塔殼中填入覆盆子杏仁奶油餡。

7　用抹刀抹平杏仁奶油餡表面。

8　撒上杏仁片。

冷凍覆盆子可以輕易弄碎。

9   放入烤箱烘烤30到35分鐘。取出放在烤架上冷卻。

10   在塔上放一層覆盆子醬（p.312），用抹刀抹平。

11   拿甜點刷在塔殼外緣刷上一層無色透明鏡面果膠。

12   在塔殼外緣沾附椰肉絲。

13   在塔殼內緣擺上一圈新鮮覆盆子。

14   拿小濾網撒上糖粉。

15   拿幾顆部分沾上糖粉的覆盆子和幾片薄荷葉，擺放在塔中間當裝飾。

鏡面果膠讓椰肉絲可以黏附在塔殼外緣。

Flan pâtissier

〔 1-9 〕

法式布丁塔

達米安主廚
最愛推薦

〜〜〜〜〜〜〜〜〜〜〜〜〜〜〜〜〜〜〜〜〜〜〜〜〜〜〜〜〜〜〜

〔準備：1小時／烘烤：1小時10分鐘／靜置：30分鐘＋冷卻〕

〜〜〜〜〜〜〜〜〜〜〜〜〜〜〜〜〜〜〜〜〜〜〜〜〜〜〜〜〜〜〜

1個直徑20公分
法式布丁塔

〔用具〕

◆ 打蛋盆
◆ 刮板
◆ 保鮮膜
◆ 擀麵棍
◆ 直徑20公分、高4.5公分
  不銹鋼圓形模具
◆ 烤盤
◆ 有柄平底深鍋
◆ 打蛋器
◆ 刮刀
◆ 曲柄抹刀

〔基礎應用〕

◆ 基底塔皮（p.34）
◆ 布丁蛋奶醬（p.240）

〔材料〕

基底塔皮

◆ 175克 ············· 麵粉
◆ 90克 ············· 奶油
◆ 20克 ············· 蛋黃
◆ 20克 ············· 牛奶
◆ 20克 ············· 細砂糖
◆ 3克 ············· 鹽

法式布丁奶醬

◆ 500克 ············· 全脂牛奶
◆ 125克 ············· 鮮奶油
◆ 80克 ············· 砂糖
◆ 50克 ············· 半鹽奶油
◆ 3根 ···· 香草莢，縱切取籽
◆ 100克 ············· 蛋黃
◆ 50克 ············· 奶醬粉

〔做法〕

1　基底塔皮：製作基底塔皮（p.34，到步驟6為止）。

2　用擀麵棍將麵團擀成4-5公釐厚。撒上薄薄一層麵粉（撒粉）。

3　鋪入已塗奶油的模具（請參閱p.34，瞭解鋪填技巧）。

4　放在烤盤上送入冷凍庫，在製作奶醬期間保持冷凍。

5　布丁蛋奶醬：製作布丁蛋奶醬（p.240）。

6　在冷凍的塔殼中倒入仍舊溫熱的法式布丁奶醬。

7　用抹刀抹平表面。

8　在室溫下靜置30分鐘。

9　以180℃（刻度6）預熱烤箱。

10　放入烤箱烘烤1小時。

甜點師
技法

沙化
揉麵
擀麵
鋪填模具
糊料打到發白
煮奶醬

訣竅
Tips

可以加入水分不多的水果，例如杏桃、炒蘋果、葡萄乾或李子。也可以使用可可、開心果或咖啡為法式布丁增添風味。

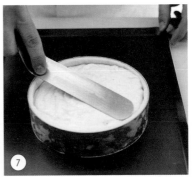

②

③　⑥　⑦

檢定
當日

考試時，先從準備法式布丁奶醬開始，
因為要算入烘烤前靜置的時間，以及品嘗前冷卻的時間。

Tarte aux pommes

1-10

蘋果塔

達米安主廚
最愛推薦

〔準備：1小時／烘烤：55分鐘／靜置：30分鐘＋冷卻〕

1個直徑20公分
蘋果塔

甜點師
技法

沙化
揉麵
擀麵
鋪填模具
蘋果切片

訣竅
Tips

可以加入與蘋
果非常相配的
肉桂。

〔用具〕

+ 打蛋盆
+ 刮板
+ 保鮮膜
+ 擀麵棍
+ 直徑20公分、高1.5公分
  不銹鋼圓形模具
+ 烤盤
+ 塔緣捏邊鑷子
+ 刀子
+ 烤架
+ 砧板
+ 盤子
+ 有柄平底深鍋
+ 刮刀
+ 甜點刷

〔基礎應用〕

+ 基底塔皮（p.34）

〔材料〕

基底塔皮

+ 175克 ‧‧‧‧‧‧‧‧‧‧‧‧ 麵粉
+ 90克 ‧‧‧‧‧‧‧‧‧‧‧‧ 奶油
+ 20克 ‧‧‧‧‧‧‧‧‧‧‧‧ 蛋黃
+ 20克 ‧‧‧‧‧‧‧‧‧‧‧‧ 牛奶
+ 20克 ‧‧‧‧‧‧‧‧‧‧‧‧ 細砂糖
+ 3克 ‧‧‧‧‧‧‧‧‧‧‧‧ 鹽

蘋果醬

+ 400克 ‧‧‧‧‧‧‧‧‧‧‧‧ 蘋果
+ 30克 ‧‧‧‧‧‧‧‧‧‧‧‧ 水
+ 30克 ‧‧‧‧‧‧‧‧‧‧‧‧ 細砂糖
+ 1/2根 ‧‧‧‧‧ 香草莢，縱切取籽
+ 50克 ‧‧‧‧‧‧‧‧‧‧‧‧ 奶油

完成

+ 3到4顆 ‧‧‧‧‧‧‧‧‧‧‧‧ 蘋果
+ 100克 ‧‧‧‧‧‧‧‧‧‧‧‧ 奶油
+ 25克 ‧‧‧‧‧‧‧‧‧‧‧‧ 蜂蜜
+ 1根 ‧‧‧‧‧ 香草莢，縱切取籽
+ 50克 ‧‧‧‧‧ 無色透明鏡面果膠

〔做法〕

1   基底塔皮：製作基底塔皮（p.34），用擀麵棍擀開麵團並鋪入已塗奶油的模具
     （p.34），放到烤盤上。

2   使用塔緣捏邊鑷子，在整個塔緣做出小皺摺。

3   蘋果醬：蘋果削皮切塊。

4   放入有柄平底深鍋並加入水、糖和香草。以中火煮約10分鐘。

5   離火後加入奶油攪拌。

6   倒入淺盤中冷卻，蓋上保鮮膜，使其貼附在蘋果醬表面。

7   在塔殼裡填入蘋果醬。

用刀尖確認熟度。

8　完成：蘋果削皮、去芯、切半。平放並切成薄片。

9　蘋果片環狀排列在蘋果醬上。

10　在模具內圈再排上一圈蘋果片，然後於中心也排上較小一圈的蘋果片。擺上最後幾片蘋果，製造美觀效果。

11　以170℃（刻度6）預熱烤箱。

12　加熱奶油、蜂蜜和香草籽。

13　使用甜點刷將步驟12的液體刷在塔上。

14　放入烤箱烘焙45分鐘。

15　使用甜點刷，在烤好的蘋果塔表面刷上一層透明鏡面果膠。

檢定
當日

抓緊時間：在基底塔皮靜置期間，製作蘋果醬。

⑨

用刀尖挑起蘋果片圓環的第一片，在下面放置最後一片蘋果。

⑩

⑬

⑮

Tarte aux pommes grand-mère

1-11

老奶奶蘋果塔

TECHNIQUE

看影片學技法

〔準備：50分鐘／烘烤：1小時／靜置：30分鐘＋冷卻〕

1個直徑20公分
蘋果塔

甜點師
技法

沙化
揉麵
擀麵
鋪填模具
蘋果切片

訣竅
Tips

可以將蘋果換
成洋梨、李子
或芒果。

〔用具〕

+ 打蛋盆
+ 刮板
+ 保鮮膜
+ 擀麵棍
+ 直徑20公分、高1.5公分
　不銹鋼圓形模具
+ 烤盤
+ 水果刀
+ 砧板
+ 烤架
+ 打蛋器
+ 有柄平底深鍋
+ 勺子
+ 濾網

〔基礎應用〕

+ 基底塔皮（p.34）

〔材料〕

基底塔皮

+ 175克 ———— 麵粉
+ 90克 ———— 奶油
+ 20克 ———— 蛋黃
+ 20克 ———— 牛奶
+ 20克 ———— 細砂糖
+ 3克 ———— 鹽

蘋果

+ 4個 ———— 蘋果

諾曼地蘋果塔餡

+ 125克 ———— 奶油
+ 125克 ———— 細砂糖
+ 4顆 ———— 蛋
+ 100克 ———— 鮮奶油
+ 1根 —— 香草莢，縱切取籽
+ 糖粉

〔做法〕

1　**基底塔皮**：製作基底塔皮（p.34），用擀麵棍擀開麵團並鋪入已塗
　　奶油的模具（p.34），放到烤盤上。

2　**蘋果**：蘋果削皮切片。

3　在塔殼底部放上蘋果片。

4　**諾曼地蘋果塔餡**：融化奶油和糖。以170℃（刻度6）預熱烤箱。

5　用打蛋器拌勻蛋黃和鮮奶油。

6　加入香草籽和融化奶油。

7　在塔底的蘋果片上澆淋上述液體。

8　蘋果塔送入烤箱，烘烤1小時。

9　蘋果塔脫模，移到烤架上冷卻。

10　使用小濾網，在塔緣撒上糖粉。

11　放上一根香草莢做為最後裝飾。

檢定
當日

抓緊時間：在基底塔皮靜置期間，完成蘋果切片和諾曼地蘋果塔餡。
考試時，先從製作老奶奶蘋果塔開始，因為要算入品嘗前冷卻的時間。

Tarte Bourdaloue

1-12

布達魯耶洋梨塔

〔準備：1小時／烘烤：45分鐘／靜置：30分鐘＋冷卻〕

〔用具〕

- 打蛋盆
- 刮板
- 保鮮膜
- 擀麵棍
- 直徑20公分、高1.5公分
  不銹鋼圓形模具
- Silpat®矽膠墊
- 烤架
- 水果刀
- 砧板
- 打蛋器
- 削皮刀
- 挖球器
- 曲柄抹刀
- 甜點刷
- 濾網

〔基礎應用〕

- 基底塔皮（p.34）
- 杏仁奶油餡（p.250）

〔材料〕

基底塔皮

- 175克 ⋯⋯⋯⋯ 麵粉
- 90克 ⋯⋯⋯⋯⋯ 奶油
- 20克 ⋯⋯⋯⋯⋯ 蛋黃
- 20克 ⋯⋯⋯⋯⋯ 牛奶
- 20克 ⋯⋯⋯⋯ 細砂糖
- 3克 ⋯⋯⋯⋯⋯⋯ 鹽

洋梨

- 8片 ⋯⋯⋯ 切半罐頭洋梨

杏仁奶油餡

- 65克 ⋯⋯⋯⋯⋯ 奶油
- 35克 ⋯⋯⋯⋯ 細砂糖
- 50克 ⋯⋯⋯⋯⋯ 蛋液
- 65克 ⋯⋯⋯⋯⋯ 杏仁粉
- 5克 ⋯⋯⋯⋯⋯⋯ 麵粉
- 5克 ⋯⋯⋯⋯⋯ 蘭姆酒
- 1/2根 ⋯ 香草莢，縱切取籽

1個直徑20公分
洋梨塔

甜點師
技法

沙化
揉麵
擀麵
鋪填模具
洋梨切片
霜化奶油

完成

- 1顆 ⋯⋯⋯⋯ 罐頭迷你洋梨
- 25克 ⋯⋯⋯⋯⋯ 杏仁片
- 25克 ⋯⋯⋯ 透明鏡面果膠
- 糖粉

訣竅

Tips

也可以使用Curé品種的迷你洋梨，
自己以15度糖漿（685克糖和1公升水煮沸）漬煮。

〔做法〕

1　**基底塔皮**：製作基底塔皮（p.34），用擀麵棍擀開麵團，在麵皮上戳洞，鋪入已塗奶油的模具（p.34），放到Silpat®矽膠墊上，再移到烤架上。

2　**洋梨**：罐頭洋梨切成一致的極薄片狀，約2公釐厚，保留剖半洋梨的完整形狀。

3　**杏仁奶油餡**：製作杏仁奶油餡（p.250）。

4　以170℃（刻度6）預熱烤箱。

5　在塔殼底部填入杏仁奶油餡。

6　以抹刀抹平杏仁奶油餡表面。

7　用抹刀鏟起切成薄片的剖半洋梨，以環狀方式在杏仁奶油餡表面放上所有洋梨，讓洋梨尖端朝向塔中央。

8　在塔中央放上一顆迷你罐頭洋梨。

②

⑥

檢定
當日

抓緊時間：在基底塔皮靜置期間，完成洋梨切片和杏仁奶油餡。
記得算入冷卻的時間，因為布達魯耶洋梨塔食用時應溫熱而非燙口。

9   在洋梨之間露出杏仁奶油餡的部分，撒上少許杏仁片。

10   放入烤箱烘焙45分鐘。

11   視需要用刮皮刀磨平塔殼外緣，讓外殼更平整（修邊）。放到烤架上。

12   **完成：**用甜點刷塗上一層透明鏡面果膠。

13   撒上杏仁片，使用濾網撒上糖粉。

Tarte au citron meringué

1-13

蛋白霜檸檬塔

1個直徑20公分
檸檬塔

〔準備：1小時／烘烤：25到35分鐘／靜置：冷藏1小時或冷凍10分鐘＋冷卻〕

〔用具〕

+ 打蛋盆
+ 打蛋器
+ 刮板
+ 保鮮膜
+ 擀麵棍
+ 直徑20公分、高1.5公分
  不銹鋼圓形模具
+ 烤架
+ 烤盤
+ 有柄平底深鍋
+ 盤子
+ 曲柄抹刀
+ 烹飪用溫度計
+ 甜點刷
+ 附打蛋器的攪拌機
+ 擠花袋
+ 星形擠花嘴
+ Microplane®刨刀
+ 平口花嘴
+ 火焰噴槍
+ 濾網

〔材料〕

甜塔皮

+ 100克 ———— 半鹽奶油
+ 70克 ———— 糖粉
+ 1克 ———— 鹽
+ 35克 ———— 蛋液
+ 175克 ———— 麵粉
+ 28克 ———— 杏仁粉

檸檬餡

+ 75克 ———— 檸檬汁
+ 1顆 ———— 檸檬皮碎
+ 55克 ———— 蛋液
+ 75克 ———— 細砂糖
+ 120克 ———— 奶油

義式蛋白霜

+ 30克 ———— 水
+ 150克 ———— 細砂糖
+ 90克 ———— 蛋白

完成

+ 1顆 ———— 綠檬檬
+ 糖粉
+ 羅勒葉

〔基礎應用〕

+ 甜塔皮（p.36）
+ 義式蛋白霜（p.204）

甜點師
技法

擀麵
鋪填模具
霜化奶油
製作糖漿 (p.28)
打發蛋白
裝填擠花袋
擠花

〔做法〕

1　**甜塔皮：**參考p.36的說明製作甜塔皮，擀成3公釐厚。

2　在麵皮上戳洞並鋪入已塗奶油的模具（請參閱p.34瞭解鋪填技巧）。

3　塔殼冷凍10分鐘或冷藏1小時。

4　以180℃（刻度6）預熱烤箱。放入烤箱烘烤15到20分鐘。

5　**檸檬餡：**在單柄平底深鍋內放入所有材料。

6　加熱至沸騰，期間不斷攪拌。

7　以中火煮3分鐘，期間不斷攪拌，直到餡料略呈透明。

8　倒入盤中，蓋上保鮮膜，使其貼附在餡料表面。放入冰箱冷卻。

訣竅
Tips

冷凍生麵團，在冷凍狀態下烘烤，即可在烘烤時不使用重石，進而節省時間。
可以用其他柑橘類水果的果汁，或百香果汁取代綠檸檬汁。

9　冷卻後，在盲烤的塔殼底部鋪上餡料，用抹刀抹平表面。

10　**義式蛋白霜：**製作義式蛋白霜（p.204），靜置冷卻。

11　**完成：**在整個塔的表面擠上大小一致的水滴狀蛋白霜，交替使用星形花嘴和平口花嘴。

12　使用Microplane®刨刀，在檸檬塔表面磨上檸檬皮。

13　用噴槍讓蛋白霜稍微上色。

14　在蛋白霜之間放上幾片檸檬。

15　用濾網在塔緣撒上糖粉。

16　裝飾幾片羅勒葉。

檢定
當日

抓緊時間：在等待塔殼冷藏變硬之前，製作檸檬餡。
留意檸檬餡的溫度，必須非常冰涼才能使用。

Tarte au chocolat

〔1-14〕

巧克力塔

〔準備：1小時／烘烤：30分鐘／靜置：冷藏1小時或冷凍10分鐘＋30分鐘＋1小時＋5分鐘冷卻〕

〔用具〕

+ 打蛋盆
+ 刮板
+ 保鮮膜
+ 擀麵棍
+ 直徑20公分、高1.5公分不銹鋼圓形模具
+ 烤盤
+ 削皮刀
+ 烤架
+ 盤子
+ 刮刀
+ 打蛋器
+ 錐形濾網
+ 烹飪用溫度計
+ 刀子

〔基礎應用〕

+ 甜塔皮（p.36）
+ 巧克力甘納許（p.256）
+ 巧克力鏡面淋醬（p.308）

〔材料〕

巧克力甜塔皮

+ 100克 ……………… 半鹽奶油
+ 70克 ……………… 糖粉
+ 1克 ……………… 鹽
+ 40克 ……………… 蛋液
+ 150克 ……………… 麵粉
+ 28克 ……………… 杏仁粉
+ 25克 ……………… 可可粉

巧克力甘納許

+ 190克 ……… 打發用鮮奶油
+ 20克 ……… 葡萄糖糖漿
+ 150克 … 可可脂含量70%的調溫苦甜巧克力
+ 25克 ……… 半鹽奶油

巧克力鏡面淋醬

+ 280克 ……………… 水
+ 360克 ……………… 細砂糖
+ 120克 ……………… 可可粉
+ 210克 ……… 打發鮮奶油
+ 14克 ……………… 吉利丁

完成

+ 金箔

1個直徑20公分巧克力塔

甜點師技法

霜化奶油
擀麵
鋪填模具
為塔淋上鏡面

〔做法〕

1　**巧克力甜塔皮：**參照p.36的說明製作甜塔皮，但採用這道食譜的份量，並在步驟4加入可可粉。擀成3公釐厚的塔皮。

2　在塔皮上戳洞並鋪入已塗奶油的模具（請參閱p.34瞭解鋪填技巧）。

3　塔殼冷凍10分鐘或冷藏1小時。

4　以180℃（刻度6）預熱烤箱。放入烤箱盲烤30分鐘。

5　視需要用削皮刀磨平塔殼外緣，讓外殼更平整（修邊）。

6　塔殼盲烤完成後，放到烤盤上。

7　**巧克力甘納許：**製作巧克力甘納許（p.256）。

8　倒入塔殼。

9　放入冰箱冷卻30分鐘，讓甘納許變硬。

10　巧克力塔移到烤架上。烤架下墊一個大盤子。

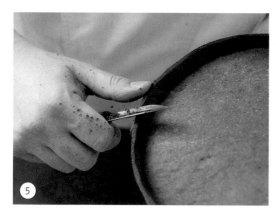

訣竅
Tips

如果家裡沒有葡萄糖，可以用蜂蜜代替。專業師傅使用葡萄糖是因為它能帶來光澤和更柔滑的質地，同時避免甘納許太快變乾。

11 **巧克力鏡面淋醬**：製作巧克力鏡面淋醬（p.310）。

12 在塔上澆淋巧克力鏡面醬。

13 用抹刀抹平鏡面。

14 用刀尖刺破氣泡。靜置約5分鐘讓鏡面凝固。

15 **完成**：以金箔裝飾。

⑫   ⑬   ⑭

⑮

檢定
當日

留意冷卻的時間，這個
塔要冰涼食用！抓緊時
間：在甘納許靜置時製
作巧克力鏡面。

Tarte aux fraises chantilly

1-15

草莓香堤伊鮮奶油塔

1個直徑20公分
草莓塔

〔準備：1小時20分鐘／烘烤：45分鐘／靜置：冷藏1小時或冷凍10分鐘＋冷卻〕

〔用具〕

+ 打蛋盆
+ 打蛋器
+ 刮板
+ 保鮮膜
+ 擀麵棍
+ 直徑20公分、高1.5公
  分不銹鋼圓形模具
+ 烤盤
+ 烤架
+ 曲柄抹刀
+ 刮刀
+ 有柄平底深鍋
+ 烹飪用溫度計
+ 附打蛋器的攪拌機
+ 甜點刷
+ 擠花袋
+ 平口花嘴和星形花嘴
+ 刀子
+ 濾網

〔材料〕

甜塔皮

+ 100克 ········· 半鹽奶油
+ 70克 ··········· 糖粉
+ 1克 ············· 鹽
+ 35克 ··········· 蛋液
+ 175克 ·········· 麵粉
+ 28克 ··········· 杏仁粉

杏仁開心果餡

+ 50克 ··········· 奶油
+ 50克 ··········· 杏仁粉
+ 50克 ··········· 細砂糖
+ 50克 ··········· 蛋液
+ 10克 ··········· 開心果膏

填料

+ 250克 ·········· 草莓
+ 15～20顆 ······· 開心果
+ 75克 ··· 覆盆子醬（參閱p.296）

馬斯卡彭香堤伊鮮奶油

+ 310克 ····· 全脂液態鮮奶油
+ 190克 ······· 馬斯卡彭起司
+ 2根 ······· 香草莢，縱切取籽
+ 40克 ··········· 糖粉

甜點師
技法

霜化奶油
擀麵
鋪填模具
打發鮮奶油
裝填擠花袋
擠花

完成

+ 50克 ······· 透明鏡面果膠
+ 10克 ··········· 開心果粉
+ 金箔
+ 數顆 ········· 烤過開心果
+ 數顆 ········· 森林草莓
+ 糖粉
+ 翻糖花

〔基礎應用〕

+ 甜塔皮（p.36）
+ 杏仁奶油餡（p.250）
+ 覆盆子醬（p.312）
+ 馬斯卡彭香堤伊鮮奶油（p.230）

〔做法〕

1　**甜塔皮**：製作甜塔皮（p.36）。

2　**杏仁開心果餡**：使用此食譜的份量製作杏仁奶油餡（p.250）。

3　加入開心果膏，混拌均勻。

4　塔殼填入杏仁開心果餡，裝到半滿。用抹刀抹平表面。

5　以180℃（刻度6）預熱烤箱。

6　**填料**：4到5顆草莓去蒂頭切成四份。保留16到18顆完整草莓，其餘切半。

7　在杏仁開心果餡上放15片切成四分之一的草莓，再加入約15顆開心果。

8　放入烤箱烘烤30到40分鐘。

9　充分冷卻。

10　用曲柄抹刀塗上一層覆盆子醬。

訣竅
Tips

也可以用開心果粉取代
杏仁奶油餡中的杏仁粉。

④

⑦

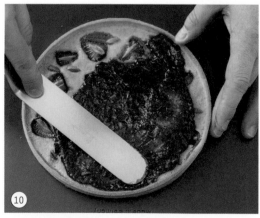
⑩

⑫

擠花不完美也別擔心，
草莓會蓋住所有瑕疵。

11　馬斯卡彭香堤伊鮮奶油：製作馬斯卡彭香堤伊鮮奶油（p.230）。

12　擠花袋裝上平口花嘴，填入香堤伊（p.30）。在塔上擠出寬約5公釐的螺旋狀長條。

13　完成：沿著塔殼放上一圈整粒草莓。

14　在第二圈和第三圈擺上切半草莓，蓋住香堤伊。

15　使用甜點刷在塔邊與草莓上塗一層透明鏡面果膠。

16　塔邊沾滿開心果粉。

17　以星形花嘴在草莓塔中央擠出漂亮圓頂形。

18　加上裝飾：金箔、烤過的開心果、森林草莓，最後用濾網撒上糖粉。

Tarte aux myrtilles
1-16
藍莓塔

〔1個直徑20公分藍莓塔〕

〔準備：1小時／烘烤：40分鐘／靜置：冷藏1小時或冷凍10分鐘＋冷卻〕

〔用具〕

- ✦ 打蛋盆
- ✦ 刮板
- ✦ 保鮮膜
- ✦ 擀麵棍
- ✦ 直徑20公分、高1.5公分不銹鋼圓形模具
- ✦ 烤盤
- ✦ 叉子
- ✦ 打蛋器
- ✦ 曲柄抹刀
- ✦ 烤架
- ✦ 削皮刀
- ✦ 直徑18公分不銹鋼圓形模具
- ✦ 有柄平底深鍋
- ✦ 烹飪用溫度計
- ✦ 甜點刷
- ✦ 附打蛋器的攪拌機
- ✦ 擠花袋
- ✦ 平口花嘴
- ✦ 火焰噴槍

〔材料〕

沙布蕾塔皮

- ✦ 250克 —————— 麵粉
- ✦ 175克 —————— 奶油
- ✦ 5克 —————————— 鹽
- ✦ 10克 ————————— 糖粉
- ✦ 50克 ————————— 蛋液

杏仁藍莓餡

- ✦ 75克 ————————— 奶油
- ✦ 50克 ——————— 細砂糖
- ✦ 75克 ————————— 蛋液
- ✦ 75克 ——————— 杏仁粉
- ✦ 10克 ————————— 麵粉
- ✦ 5克 ———————— 香草精
- ✦ 100克 ————— 冷凍藍莓

藍莓凍

- ✦ 300克 ————— 冷凍藍莓
- ✦ 100克 ——— 金黃鏡面果膠

義式蛋白霜

- ✦ 90克 ————————— 蛋白
- ✦ 150克 ——————— 細砂糖
- ✦ 50克 —————————— 水

〔甜點師技法〕

沙化
揉麵
擀麵
鋪填模具
霜化奶油
裝填擠花袋
擠花

完成

- ✦ 6顆 ————————— 鵝莓
- ✦ 8顆 ——————— 新鮮藍莓
- ✦ 糖粉
- ✦ 50克 ——— 義式蛋白霜（請見下方）
- ✦ 三色堇

〔基礎應用〕

- ✦ 沙布蕾塔皮（p.38）
- ✦ 杏仁奶油餡（p.250）
- ✦ 義式蛋白霜（p.204）

〔做法〕

1　**沙布蕾塔皮**：製作沙布蕾塔皮（p.38）。

2　以170℃（刻度6）預熱烤箱。

3　**杏仁藍莓餡**：使用此食譜的份量製作杏仁奶油餡（p.250）。

4　加入香草精與仍為冷凍狀態的藍莓，混拌均勻。

5　沙布蕾塔殼底部填入杏仁藍莓餡。

6　以抹刀抹平表面。

7　放入烤箱烘烤30到35分鐘。

8　移到烤架上冷卻，然後脫模。

9　視需要用削皮刀磨平塔殼外緣，讓外殼更平整（修邊）。

10　**藍莓凍**：金色鏡面果膠放入有柄平底深鍋中加熱融化。

11　加入仍為冷凍狀態的藍莓，混拌均勻。

12　在塔中央放一個直徑18公分圓形模圈，倒入藍莓凍。

13　放入冰箱10分鐘以便凝結，然後脫模。

14　**義式蛋白霜**：準備義式蛋白霜（p.204）。

檢定當日 ┊ 義式蛋白霜幾乎不可能少量製作。絕對不可丟棄多出來的蛋白霜，
這會讓評審不高興！保存在擠花袋中供其他應用。

15 　完成：擠花袋裝上平口花嘴，填入蛋白霜（p.30）。

16 　沿著藍莓凍擠一圈水滴型蛋白霜。

17 　用火焰噴槍讓蛋白霜焦糖化。

18 　完成裝飾：放幾顆撒上糖粉的藍莓、鵝莓和幾朵三色菫。

訣竅
Tips

可以用黑醋栗、櫻桃或紅醋栗製作這種甜塔的變化版。

La pâte
à choux

Part 2

泡芙麵糊

Pâte à choux chouquettes

2-1

法式珍珠糖泡芙

〔準備：35分鐘／烘烤：30分鐘〕

定義：質地輕盈，富有空氣感的泡芙，是眾多經典甜點的基礎。

40到50個法式
珍珠糖泡芙

甜點師
技法
—
裝填擠花袋
擠花

〔用具〕

◆ 篩子
◆ 有柄平底深鍋
◆ 刮刀
◆ 刮板
◆ 打蛋盆
◆ 附葉片的攪拌機
◆ 擠花袋
◆ 平口花嘴
◆ 烤盤

〔材料〕

泡芙麵糊

◆ 150克 ·············· 麵粉
◆ 250克 ·············· 牛奶
◆ 100克 ·············· 奶油
◆ 5克 ················· 鹽
◆ 210～265克 ········· 蛋液
（視水分蒸發量而定）

法式珍珠糖泡芙完成

◆ 100克 ·············· 珍珠糖

〔基礎應用〕

◆ 覆盆子香堤伊泡芙（p.95）
◆ 開心果閃電泡芙（p.99）
◆ 巧克力修女泡芙（p.102）
◆ 巴黎布雷斯特泡芙（p.107）
◆ 莎隆堡泡芙（p.111）
◆ 覆盆子聖多諾黑泡芙（p.114）

訣竅
Tips

可以在前一夜準備泡芙麵糊，因為麵糊靜置時間越長，烘烤時越均勻。要讓法式珍珠糖泡芙更美味，可以在泡芙上放幾粒鹽之花和少許非洲黑糖粗糖。

建議
Point

法式珍珠糖泡芙出爐不久後品嘗最為美味。
可以做好準備，在泡芙仍然溫熱的時候呈現給評審。

〔做法〕

1　**泡芙麵糊：**麵粉過篩。

2　牛奶倒入有柄平底深鍋，加入切成小丁的奶油。

3　加入糖和鹽。

4　深鍋放到火上。加熱並用刮刀偶爾攪拌。

5　奶油完全融化後，加熱至沸騰。

6　熄火，一次倒入所有篩過的麵粉。

7　以刮刀快速用力攪拌，避免形成結塊。

8　再度開火，讓麵糊水分蒸發，直到形成均質團狀。

9　放入裝有葉片的攪拌機。

10　開始讓攪拌機運轉，分批加入蛋液。

11　繼續攪拌至形成光滑的麵糊。

12　**法式珍珠糖泡芙：**在裝有平口花嘴的擠花袋中填入泡芙麵糊。

13　以170℃（刻度6）遇熱烤箱。

14　在烤盤上擠出直徑3到4公分的小泡芙。

15　撒上珍珠糖，然後傾斜烤盤，讓多餘的糖掉落。

16　放入烤箱烘烤約30分鐘。

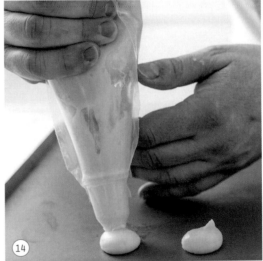

TECHNIQUE
看影片學技法

Choux chantilly framboise

2-2

覆盆子香堤伊泡芙

〔準備：40分鐘／烘烤：50分鐘〕

〔8個〕

甜點師
技法

沙化
擀麵
裝填擠花袋
擠花
打發鮮奶油

〔用具〕

+ 附葉片和打蛋器
  的攪拌機
+ 刮板
+ 塑膠片
+ 擀麵棍
+ 直徑5公分切模
+ 篩子
+ 有柄平底深鍋
+ 刮刀
+ 打蛋盆
+ 擠花袋
+ 10號平口花嘴和
  10號星形花嘴
+ 烤盤
+ 甜點刷
+ 叉子
+ 鋸齒刀
+ 打蛋器
+ 烹飪用溫度計
+ Microplane®刨刀
+ 濾網

〔材料〕

菠蘿皮

+ 115克 ⋯⋯⋯⋯ 奶油
+ 135克 ⋯⋯⋯⋯ 黃砂糖
+ 135克 ⋯⋯⋯⋯ 麵粉

泡芙麵糊

+ 75克 ⋯⋯⋯⋯ 麵粉
+ 125克 ⋯⋯⋯⋯ 牛奶
+ 50克 ⋯⋯⋯⋯ 奶油
+ 5克 ⋯⋯⋯⋯ 細砂糖
+ 2克 ⋯⋯⋯⋯ 鹽
+ 133克 ⋯⋯⋯⋯ 蛋液
+ 1顆 ⋯ 蛋打散，刷上烤色用

馬斯卡彭香堤伊鮮奶油

+ 310克 ⋯⋯⋯⋯ 鮮奶油
+ 180克 ⋯⋯⋯ 馬斯卡彭乳酪
+ 40克 ⋯⋯⋯⋯ 糖粉
+ 2根 ⋯⋯ 香草莢，縱切取籽

覆盆子果泥

+ 100克 ⋯ 覆盆子醬（p.312）
+ 200克 ⋯⋯⋯⋯ 覆盆子
+ 20克 ⋯⋯⋯⋯ 綠檸檬汁
+ 半顆 ⋯⋯⋯⋯ 綠檸檬皮碎

裝飾與完成

+ 糖粉
+ 200克 ⋯⋯⋯⋯ 覆盆子
+ 綠檸檬皮碎

〔基礎應用〕

+ 泡芙麵糊（p.91）
+ 菠蘿皮（p.44）
+ 馬斯卡彭香堤伊鮮奶油（p.230）
+ 覆盆子醬（p.312）

〔做法〕

1　**菠蘿皮**：製作菠蘿皮（p.44）。

2　**泡芙麵糊**：使用此食譜的份量製作泡芙麵糊（p.91），
　　填入裝有平口花嘴的擠花袋（p.30）。

3　以165℃（刻度6）預熱烤箱。

4　在烤盤上擠出直徑4～5公分的小泡芙。

5　檢定當天，會讓你選擇製作有菠蘿皮或沒有菠蘿皮的
　　泡芙。如果製作沒有菠蘿皮的泡芙，必須在泡芙麵糊
　　上塗刷蛋液，並用叉子劃出溝痕。或是照你所希望
　　的，在泡芙頂端放上菠蘿皮。

訣竅
Tips

如果你的廚房很熱，
請在製作香堤伊鮮奶
油之前，先將打蛋盆
和打蛋器放入冷凍庫
30分鐘。

⑤

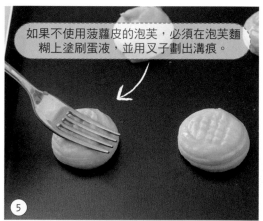

如果不使用菠蘿皮的泡芙，必須在泡芙麵
糊上塗刷蛋液，並用叉子劃出溝痕。

⑤

⑧

⑨

⑫

⑬

6　放入烤箱烘焙約35～40分鐘。

7　**馬斯卡彭香堤伊鮮奶油**：使用此食譜的份量製作馬斯卡彭香堤伊鮮奶油（p.230），
　　填入裝有星形花嘴的擠花袋（p.30）。

8　使用鋸齒刀從頂部三分之二的地方剖開泡芙。

9　以直徑5公分的切模切出整齊劃一的菠蘿圓片，放在泡芙頂端（修邊）。

10　**煮覆盆子果泥**：製作覆盆子醬（p.312）。分出2大匙份量放旁稍後裝飾用。

11　混拌果泥與覆盆子果實和綠檸檬汁。

12　使用Microplane®刨刀磨下綠檸檬皮碎，然後拌入。

13　在泡芙內填入覆盆子果泥。

14　**裝飾與呈現**：在覆盆子果泥上擠出美觀的圓頂狀香堤伊鮮奶油。

15　在鮮奶油圓頂旁擺上一圈覆盆子。

16　使用Microplane®刨刀磨下綠檸檬皮碎。

17　放回剛才切下的泡芙頂部。在每個頂端用覆盆子醬擠出一個小圓點。

18　放上切半的覆盆子，透過濾網撒上糖粉。

⑭

⑮

⑱

檢定
當日

從製作菠蘿皮開始，它需要在冷凍庫靜置1小時。
直到最後一刻才為泡芙裝餡，以盡量保留酥脆口感。

Éclairs pistache

2-3

開心果閃電泡芙

〔準備：45分鐘／烘烤：45到50分鐘〕

8人份

甜點師技法

沙化
擀麵
裝填擠花袋
擠花
煮卡士達醬
翻糖淋面

〔用具〕

+ 附葉片的攪拌機
+ 刮板
+ 塑膠片
+ 擀麵棍
+ 篩子
+ 有柄平底深鍋
+ 刮刀
+ 打蛋盆
+ 擠花袋
+ 13號平口花嘴
+ 烤盤
+ 烤架
+ 打蛋器
+ 盤子
+ 保鮮膜
+ 6號不銹鋼星形花嘴
+ 曲柄抹刀
+ 抹刀

〔基礎應用〕

+ 泡芙麵糊（p.91）
+ 菠蘿皮（p.44）
+ 卡士達醬（p.232）

〔材料〕

菠蘿皮

+ 115克 ——————— 奶油
+ 135克 ——————— 黃砂糖
+ 135克 ——————— 麵粉

泡芙麵糊

+ 75克 ——————— 麵粉
+ 125克 ——————— 牛奶
+ 63克 ——————— 奶油
+ 2克 ——————— 細砂糖
+ 2克 ——————— 鹽
+ 150克 ——————— 蛋液

開心果卡士達醬

+ 500克 ——————— 全脂牛奶
+ 1根 —— 香草莢，縱切取籽
+ 50克 ——————— 細砂糖
+ 45克 ——————— 奶醬粉
+ 100克 ——————— 蛋
+ 15～20克 ——————— 開心果膏

完成

+ 250克 ——————— 翻糖
+ 數滴 ——————— 金屬綠食用色素
+ 開心果香精
+ 少許 ——————— 30度糖漿
  （視翻糖稠度而定）
+ 數顆 ——————— 烤過的開心果

訣竅

Tips

如果綠色食用色素太鮮豔，可加少許黃色色素讓顏色變柔和。若翻糖超過37℃，加入半小匙30度糖漿（45克糖和40克水加熱至沸騰）降溫。

〔做法〕

1　**菠蘿皮**：製作菠蘿皮，但停在步驟5（p.44）。

2　**泡芙麵糊**：使用此食譜的份量製作泡芙麵糊（p.91），填入裝有13號平口花嘴的擠花袋（p.30）。

3　以150℃（刻度5）預熱烤箱。

4　在烤盤上擠出長度12到14公分的閃電泡芙。

5　使用小紙板，裁切出與閃電泡芙大小相等的長方形菠蘿皮。

利用刮板和麵粉劃出直線，
擠花時才能平直。

6　在泡芙麵糊頂端放上菠蘿皮。

7　送入烤箱烘焙約35～40分鐘。

8　移到烤架上放涼。

9　**開心果卡士達醬：**使用此食譜的份量製作卡士達醬（p.232），在步驟7加入開心果膏。

10　**完成：**在翻糖中倒入熱水調溫，不要攪拌。放在工作檯上備用，先為閃電泡芙裝餡。

11　以6號星形花嘴的尖端在每個閃電泡芙底部戳三個小洞。

12　在閃電泡芙中擠入大量卡士達醬，先從兩端開始。最後再從中間的小洞擠滿卡士達醬，直到滿出。

13　用曲柄抹刀抹掉溢出的部分。

14　從水中取出翻糖，加入色素和香精，溫度必須在35／37℃。

15　閃電泡芙上部表面浸入翻糖，裹上淋面。

16　用食指或抹平刀抹過表面，去除多餘的部分。

17　食指沿著翻糖面周圍抹一圈，以便淋面齊整美觀，沒有滴落的部分。

18　以烤過切半的開心果裝飾。

檢定
當日

＊用溫度計而非手指來確認翻糖的溫度，務必遵守衛生規定。

＊檢定當天也可製作不用菠蘿皮的食譜，但請記得在將麵糊送入烤箱之前，先塗刷蛋液，並用叉子劃出溝痕。

Religieuses au chocolat
2 - 4
巧克力修女泡芙

8個

〔準備：2小時／烘烤：50～55分鐘／靜置：冷卻〕

甜點師
技法

————

沙化
擀麵
裝填擠花袋
擠花
煮卡士達醬
製作糖漿
製作炸彈蛋黃霜
翻糖淋面

訣竅
Tips

可以使用一半水一半牛奶來製作泡芙麵糊，
烤出來的泡芙會比較鬆軟。

檢定
當日

＊每次使用翻糖前都要先攪拌，避免表面形成硬殼，
　同時保有光澤。

＊使用時，翻糖必須能滴落成緞帶狀。

＊檢定當日，可以製作沒有菠蘿皮的版本，請記得在
　泡芙麵糊上塗刷蛋液，並用叉子劃出溝痕。

〔用具〕

+ 附葉片和打蛋器的攪
  拌機
+ 刮板
+ 塑膠片
+ 擀麵棍
+ 篩子
+ 有柄平底深鍋
+ 刮刀
+ 打蛋盆
+ 擠花袋
+ 平口花嘴
+ 烤盤
+ 直徑5公分切模
+ 直徑3公分花形切模
+ 甜點刷
+ 打蛋器
+ 烹飪用溫度計
+ 盤子
+ 保鮮膜
+ 直徑4公釐的星形不
  銹鋼花嘴
+ 曲柄抹刀
+ 烤架

〔材料〕

菠蘿皮

+ 115克 ·············· 奶油
+ 135克 ·············· 黃砂糖
+ 135克 ·············· 麵粉

泡芙麵糊

+ 75克 ··············· 麵粉
+ 125克 ·············· 水
+ 63克 ··············· 奶油
+ 2克 ················ 砂糖
+ 2克 ················ 鹽
+ 150克 ·············· 蛋液
+ 1顆 ··· 蛋（打散，塗刷上烤色用）

卡士達醬

+ 500克 ·············· 牛奶
+ 75克 ··············· 細砂糖
+ 45克 ··············· 奶醬粉
+ 100克 ·············· 蛋黃

巧克力甘納許

+ 125克 ·············· 鮮奶油
+ 95克 ······ 70%調溫黑巧克力
+ 45克 ··············· 可可膏

巧克力奶油霜

+ 70克 ··············· 水
+ 200克 ·············· 細砂糖
+ 240克 ·············· 奶油
+ 50克 ··············· 蛋液
+ 60克 ··············· 蛋黃
+ 可可膏（視想要的色澤決定用量）

完成

+ 250克 ·············· 翻糖
+ 紅色食用色素
+ 50克 ··············· 可可膏
+ 30度糖漿（視翻糖稠度而定）
+ 150克 ·········· 奶油霜（參閱下方）
+ 金箔

〔基礎應用〕

+ 菠蘿皮（p.44）
+ 泡芙麵糊（p.91）
+ 卡士達醬（p.232）
+ 巧克力甘納許（p.256）
+ 法式奶油霜（p.243）

〔做法〕

1　**菠蘿皮**：製作菠蘿皮（p.44）。

2　**泡芙麵糊**：使用此食譜的份量製作泡芙麵糊（p.91），裝入有平口花嘴的擠花袋（p.30）。

3　以150℃（刻度5）預熱烤箱。在烤盤上擠出8個直徑5公分的泡芙，和8個直徑3公分的泡芙。

4　使用切模，切出直徑5公分的圓形菠蘿片，放在大泡芙上。接著用直徑3公分的花形切模切出菠蘿片，放在小泡芙上。

5　如果不使用菠蘿皮，記得在泡芙麵糊上塗刷蛋液，並用叉子劃出溝痕。

6　送入烤箱烘焙約35～40分鐘。

7　**卡士達醬**：使用此食譜的份量製作卡士達醬（p.232）。

8 　**甘納許**：製作甘納許（p.256），與卡士達醬混合，將巧克力卡士達醬（p.30）裝入帶花嘴的擠花袋，保存在冰箱中。

9 　**巧克力奶油霜**：製作巧克力奶油霜（p.243），填入裝有直徑4公釐不銹鋼星形花嘴的擠花袋（p.30）。

10 　**完成**：在翻糖中倒入熱水調溫，不要攪拌。放在工作檯上備用，先為泡芙裝餡。

11 　以直徑4公釐不銹鋼星形花嘴的尖端在每個泡芙底部戳一個小洞。

12 　在泡芙中擠入大量卡士達醬，直到滿出。

13 　用曲柄抹刀抹掉溢出的部分。

14 　從水中取出翻糖，加入色素和可可膏，溫度必須在37℃。

15 　泡芙頂部浸入翻糖，裹上淋面。

16 　用食指抹過，去除多餘的部分。

17 　食指沿著翻糖面周圍抹一圈，以便淋面齊整美觀，沒有滴落的部分。

18 　小泡芙放在大泡芙上，做出修女泡芙。

19 　泡芙移到烤架上。

20 　在每個小泡芙周圍擠上小朵火焰狀的奶油霜。

21 　最後擠上奶油霜玫瑰花，並以刷子沾附金箔貼上做為裝飾。

輕輕壓一下，讓兩個泡芙緊密結合。

⑱

⑲

⑳

Paris-brest

2-5

巴黎布雷斯特泡芙

〔準備：1小時15分鐘／烘烤：1小時45分鐘／靜置：20分鐘＋冷卻〕

〔用具〕

+ 有柄平底深鍋
+ 打蛋盆
+ 打蛋器
+ 盤子
+ 保鮮膜
+ 篩子
+ 刮刀
+ 刮板
+ 附葉片和打蛋器的攪拌機
+ 擠花袋
+ 13號平口花嘴
+ 直徑18公分或7公分的切模
+ 烤盤
+ 甜點刷
+ 烤架
+ 擀麵棍
+ 塑膠片或烘焙紙
+ 13號星形花嘴
+ 鋸齒刀
+ 水果刀
+ 濾網

〔材料〕

卡士達醬

+ 250克 ——————— 牛奶
+ 25克 ——————— 細砂糖
+ 25克 ——————— 奶醬粉
+ 50克 ——————— 蛋液

泡芙麵糊

+ 150克 ——————— 麵粉
+ 125克 ——————— 水
+ 125克 ——————— 牛奶
+ 100克 ——————— 奶油
+ 4克 ——————— 細砂糖
+ 4克 ——————— 鹽
+ 250克 ——————— 蛋液
+ 1顆 … 蛋打散，刷上烤色用
+ 杏仁片

帕林內脆片

+ 50克 ——————— 牛奶巧克力
+ 160克 ——————— 帕林內果仁醬
+ 15克 ——————— 奶油
+ 100克 ——————— 薄捲餅碎片

7個單人份巴黎布雷斯特泡芙，或1個6人份巴黎布雷斯特泡芙（直徑18公分）

巴黎布雷斯特奶油餡

+ 300克 … 卡士達醬（參閱右頁）
+ 150克 ——————— 奶油
+ 75克 ——————— 帕林內果仁醬

完成

+ 磨成粉的糖霜杏仁或糖粉

〔基礎應用〕

+ 卡士達醬（p.232）
+ 泡芙麵糊（p.91）
+ 帕林內脆片（p.306）

訣竅

Tips

利用「氣室」可以在巴黎布雷斯特泡芙中填入較少奶餡，使成品較不膩實厚重。

〔做法〕

1　**卡士達醬**：使用此食譜的份量製作卡士達醬（p.232）。

2　**泡芙麵糊**：使用此食譜的份量製作泡芙麵糊（p.91），填入裝有13號平口花嘴的擠花袋（p.30）。以165℃（刻度6）預熱烤箱。

3　在烤盤上擠出直徑7公分（單人份）或直徑18公分的圓圈狀泡芙麵糊。

4　在剛才的麵糊圈上再擠出第二個較小的圓圈，如此才算完整。

5　用刷子塗上蛋液以在烘烤後上色。撒上杏仁片，放入烤箱烘烤1小時。

6　泡芙烤好後移到烤架上放涼。烤箱不要熄火。

7　**製作「氣室」**：擠出一個與巴黎布雷斯特泡芙內圈大小相等的單圈泡芙麵糊。

8　用刷子塗上蛋液以在烘烤後上色。撒上杏仁片。

9　放入烤箱烘烤30分鐘。移到烤架上放涼。

10　**帕林內脆片**：製作帕林內脆片（p.306），放入冷凍庫保存。

> 如果想要擠出齊整的圓圈，可以將切模沾上麵粉，放在烤盤上壓出印子。

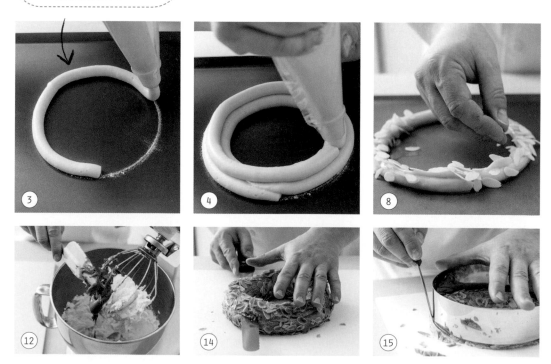

11　**巴黎布雷斯特奶油餡：**攪打奶油使其霜化，得到軟化奶油。攪拌機中放入冰涼的卡士達醬，攪打到柔滑後，加進軟化奶油和帕林內果仁醬。

12　高速攪拌以得到非常柔滑的巴黎布雷斯特奶油餡。

13　在裝有13號星形花嘴的擠花袋填入奶餡。

14　**組裝和完成：**使用鋸齒刀從頂部三分之二的地方剖開已乾燥的泡芙。

15　使用同等直徑的不銹鋼模圈或切模，在頂部切出一個齊整的圓形（修邊）。

16　把「氣室」切成兩個半圓，配合泡芙圈的尺寸加以調整，用水果刀把邊緣修齊（修邊）。

17　在泡芙圈擠上厚1公分的巴黎布雷斯特奶油餡。

18　把「氣室」放到奶油餡上，在內部與外部擠上美觀的垂直火焰狀奶油餡，使其完全覆蓋。

19　在仍然露出的泡芙圈頂部放上幾片帕林內脆片。再擠上美觀的花圈型餡料。

20　在巴黎布雷斯特奶油餡上放幾顆杏仁做為裝飾。放上泡芙圈上蓋，輕輕壓一下。用濾網撒上糖粉。

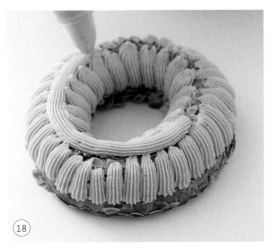

檢定
當日

＊別太晚製作卡士達醬，因為它的溫度要夠低，才能用以製作巴黎布雷斯特奶油餡。
＊圖片3：切模放入麵粉後拿起印在烤盤上，好依著麵粉痕擠出整齊的圓形。

Salambos

2 - 6

莎隆堡泡芙

TECHNIQUE
看影片學技法

〔準備：1小時15分鐘／烘烤：35到45分鐘／靜置：20分鐘＋冷卻〕

〔用具〕

+ 附葉片和打蛋器的攪拌機
+ 刮板
+ 塑膠片
+ 擀麵棍
+ 有柄平底深鍋
+ 打蛋盆
+ 打蛋器
+ 盤子
+ 保鮮膜
+ 篩子
+ 刮刀
+ 擠花袋
+ 13號平口花嘴
+ 甜點刷
+ 烤盤
+ 叉子
+ 烤架
+ 6號不銹鋼星形花嘴
+ 曲柄抹刀
+ 烹飪用溫度計
+ Silpat®不沾烘焙墊

〔材料〕

菠蘿皮

+ 115克 ·············· 奶油
+ 135克 ·············· 黃砂糖
+ 135克 ·············· 麵粉

卡士達醬

+ 500克 ·············· 牛奶
+ 1根 ········ 香草莢，縱切取籽
+ 75克 ·············· 細砂糖
+ 45克 ·············· 奶醬粉
+ 100克 ·············· 蛋黃
+ 40克 ·············· 棕色蘭姆酒

泡芙麵糊

+ 75克 ·············· 麵粉
+ 125克 ·············· 水
+ 2克 ·············· 細砂糖
+ 2克 ·············· 鹽
+ 50克 ·············· 奶油
+ 125克 ·············· 蛋液
+ 1顆 ··· 蛋打散，塗刷上烤色用

熬糖

+ 400克 ·············· 細砂糖
+ 140克 ·············· 水
+ 90克 ·············· 葡萄糖糖漿

**6人份／12個
莎隆堡泡芙**

甜點師
技法

沙化
擀麵
煮卡士達醬
裝填擠花袋
擠花
用熬糖做淋面

完成

+ 30克 ·············· 杏仁片
+ 金粉

〔基礎應用〕

+ 菠蘿皮（p.44）
+ 卡士達醬（p.232）
+ 泡芙麵糊（p.91）
+ 熬糖（p.302）

〔做法〕

1　**菠蘿皮：**製作菠蘿皮（p.44）。

2　**卡士達醬：**使用此食譜的份量製作卡士達醬（p.232）。冷藏保存。

3　**泡芙麵糊：**使用此食譜的份量製作泡芙麵糊（p.91），填入裝有13號平口花嘴的擠花袋（p.30）。

4　以160℃（刻度5-6）預熱烤箱。

5　在烤盤上斜向擠出5公分長的莎隆堡泡芙。

6　切出與莎隆堡泡芙大小相同的長方形菠蘿片，放在泡芙上。

7　如果不使用菠蘿皮，記得在泡芙麵糊上塗刷蛋液，並用叉子劃出溝痕。

8　送入烤箱烘焙約25到30分鐘。

9　莎隆堡泡芙移到烤架上放涼。

斜向擠麵糊可充分利用空間，在烤盤上擠出更多泡芙。

如果沒有使用菠蘿片，請在麵糊上塗刷蛋液，並用叉子劃出溝痕。

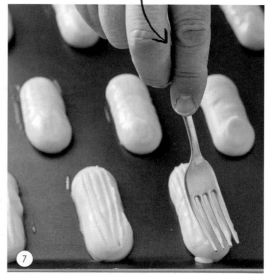

訣竅
Tips

如果沒有葡萄糖，可以用等重的糖代替。
葡萄糖用來稠化焦糖，使其保存更久並避免因潮濕而結晶。

10 用打蛋器攪拌卡士達醬使其變得柔滑，加入棕色蘭姆酒，然後填入裝有平口花嘴的擠花袋（p.30）。

11 以6號不銹鋼星形花嘴的尖端在每個莎隆堡泡芙底部戳兩個小洞。

12 在莎隆堡泡芙中擠入卡士達醬，直到滿出。

13 用曲柄抹刀抹掉溢出的部分。

14 **熬糖：**在有柄平底深鍋中加熱糖、水和葡萄糖至155℃。

15 莎隆堡泡芙頂部表面浸入熬糖中，裹上淋面。

16 **完成：**杏仁片鋪在Silpat®不沾烘焙墊上，送入150℃（刻度5）烤箱烘烤15分鐘。撒上金粉。莎隆堡泡芙裹上糖漿的那面沾附杏仁片。

以玻璃容器加熱焦糖。

檢定
當日

＊莎隆堡泡芙不要放入冰箱，以保持淋面光滑，沒有水氣痕跡。

＊卡士達醬必須非常冰涼，品嘗起來更添美味。

＊抓緊時間：在菠蘿皮靜置期間，製作卡士達醬和泡芙麵糊。

＊也可以製作無菠蘿皮版的泡芙。

Saint-honoré aux framboises
2-7
覆盆子聖多諾黑泡芙

〔準備：1小時30分鐘／烘烤：1小時15分鐘／靜置：1小時45分鐘（千層酥皮）＋30分鐘〕

6人份
（直徑18公分）

你知道嗎？
巴黎甜點師希布斯特（M. Chiboust）在1846年於聖多諾黑街發明
這款甜點，泡芙中使用的奶油餡正是以這位甜點師的名字命名。

〔用具〕

✦ 有柄平底深鍋
✦ 打蛋盆
✦ 附揉麵鉤、葉片和
  打蛋器的攪拌機
✦ 水果刀
✦ 塑膠片
✦ 擀麵棍
✦ 篩子
✦ 刮刀
✦ 刮板
✦ 擠花袋
✦ 10號平口花嘴
✦ 直徑18公分模圈
✦ 烤盤
✦ 甜點刷
✦ 烤架
✦ 烹飪用溫度計
✦ 打蛋器
✦ 6號不銹鋼星形花嘴
✦ Microplane®刨刀
✦ 聖多諾黑花嘴

〔材料〕

千層酥皮
✦ 200克 ⋯⋯ 千層酥皮麵團（p.169）

泡芙麵糊
✦ 75克 ⋯⋯⋯⋯⋯⋯⋯⋯⋯ 麵粉
✦ 125克 ⋯⋯⋯⋯⋯⋯⋯ 牛奶或水
✦ 5克 ⋯⋯⋯⋯⋯⋯⋯⋯⋯ 細砂糖
✦ 2克 ⋯⋯⋯⋯⋯⋯⋯⋯⋯⋯⋯ 鹽
✦ 50克 ⋯⋯⋯⋯⋯⋯⋯⋯⋯⋯ 奶油
✦ 125克 ⋯⋯⋯⋯⋯⋯⋯⋯⋯ 蛋液
✦ 1顆 ⋯ 蛋打散，塗刷上烤色用

義式蛋白霜
✦ 35克 ⋯⋯⋯⋯⋯⋯⋯⋯⋯⋯⋯ 水
✦ 110克 ⋯⋯⋯⋯⋯⋯⋯⋯⋯ 細砂糖
✦ 75克 ⋯⋯⋯⋯⋯⋯⋯⋯⋯⋯ 蛋白

卡士達醬
✦ 250克 ⋯⋯⋯⋯⋯⋯⋯⋯⋯⋯ 牛奶
✦ 2根 ⋯⋯⋯ 香草莢，縱切取籽
✦ 40克 ⋯⋯⋯⋯⋯⋯⋯⋯⋯ 細砂糖
✦ 120克 ⋯⋯⋯⋯⋯⋯⋯⋯⋯ 蛋黃
✦ 20克 ⋯⋯⋯⋯⋯⋯⋯⋯⋯ 奶醬粉

希布斯特奶油餡
✦ 220克 ⋯⋯ 卡士達醬（參閱上方）
✦ 4克 ⋯⋯⋯⋯⋯⋯⋯⋯⋯⋯ 吉利丁
✦ 225克 ⋯⋯ 義式蛋白霜（參閱上方）

熬糖
✦ 200克 ⋯⋯⋯⋯⋯⋯⋯⋯⋯ 細砂糖
✦ 70克 ⋯⋯⋯⋯⋯⋯⋯⋯⋯⋯⋯ 水
✦ 40克 ⋯⋯⋯⋯⋯⋯⋯ 葡萄糖糖漿

東加豆香堤伊鮮奶油
✦ 250克 ⋯⋯⋯⋯⋯⋯⋯⋯⋯ 鮮奶油
✦ 150克 ⋯⋯⋯⋯⋯⋯ 馬斯卡彭乳酪
✦ 30克 ⋯⋯⋯⋯⋯⋯⋯⋯⋯⋯ 糖粉
✦ 1顆 ⋯⋯⋯⋯⋯⋯⋯⋯⋯⋯ 東加豆

完成
✦ 125克 ⋯⋯⋯⋯ 覆盆子，紅色與白色
✦ 糖粉
✦ 金箔

〔基礎應用〕

✦ 千層酥皮（p.177）
✦ 泡芙麵糊（p.91）
✦ 義式蛋白霜（p.204）
✦ 卡士達醬（p.232）
✦ 希布斯特奶油餡（p.238）
✦ 熬糖（p.302）

訣竅
Tips

＊如果沒有葡萄糖，可以用等重的糖代替。葡萄糖用
  來稠化焦糖，使其保存更久並避免因潮濕而結晶。
＊香堤伊鮮奶油的製作材料需要非常冰涼，越冰涼，
  打發效果越好。

〔做法〕

1　千層酥皮：製作千層酥皮麵團（p.177）。

2　泡芙麵糊：使用此食譜的份量製作泡芙麵糊（p.91），填入裝有10號平口花嘴的擠花袋（p.30）。以170℃（刻度6）預熱烤箱。

3　千層酥皮麵團擀成2公釐厚，戳洞後切出直徑18公分的圓片。

4　在圓片邊緣擠上一圈泡芙麵糊，放入烤箱烘烤35分鐘。

5　以一前一後的排列方式，擠出直徑2公分的小泡芙。

6　用甜點刷在泡芙麵糊表面刷上蛋液，使其在烘烤後上色。放入烤箱烘烤25到30分鐘，移到烤架上放涼。

7   義式蛋白霜：使用此食譜的份量製作義式蛋白霜（p.204）。

8   卡士達醬：使用此食譜的份量製作卡士達醬（p.232）。分成兩份。

9   希布斯特奶油餡：使用220克卡士達醬製作希布斯特奶油餡。

10   在裝有花嘴的擠花袋中填入希布斯特奶油餡。

11   以6號不銹鋼星形花嘴的尖端在每個泡芙底部戳一個小洞。在泡芙中擠入希布斯特奶油餡。

12   熬糖：在有柄平底深鍋中加熱糖、水和葡萄糖至155℃。泡芙頂部表面浸入熬糖中，裹上淋面。

13   在圈形泡芙表面放上聖多諾黑泡芙，用熬糖將泡芙固定在邊緣。

14   在裝有平口花嘴的擠花袋中填入希布斯特奶油餡，擠入圈形泡芙內緣的千層酥皮上。

15   東加豆香堤伊鮮奶油：所有材料放入攪拌機的攪拌缸，使用Microplane®刨刀磨入東加豆。放入冰箱約10分鐘。

16   攪拌機裝上打蛋器，打發香堤伊鮮奶油，填入裝有聖多諾黑花嘴的擠花袋。

17   組裝與完成：在希布斯特奶油餡中放上幾顆覆盆子。

18   以香堤伊鮮奶油裝飾：先以螺旋狀擠上一層。

19   接著在上方以「聖多諾黑」花紋擠成一個圓頂。

20   在鮮奶油頂端放上一顆泡芙，然後以撒上糖粉的覆盆子和金箔裝飾。

⑰

⑲

⑳

檢定
當日

＊先從製作卡士達醬開始。
＊可以同時烘烤小泡芙和泡芙底座，但請注意小泡芙會比底座更快熟。

Les pâtes
levées

Part 3

發酵麵團

Pains au lait

3 - 1

牛奶麵包

〔準備：45分鐘／烘烤：12分鐘／靜置：3小時25分鐘＋冷卻〕

850克牛奶麵包
麵團

甜點師
技法

揉麵
發麵
塑形

你知道嗎？
精製麵粉因為擁有較豐富的麩質，可為麵團增加更多彈性，因此適用於製作發酵麵團。

〔用具〕

◆ 附揉麵鉤的攪拌機
◆ 刀子
◆ 打蛋盆
◆ 保鮮膜
◆ 烤盤
◆ 烘焙紙
◆ 甜點刷
◆ 剪刀
◆ 烤架

〔基礎應用〕

◆ 甜扭結麵包（p.125）
◆ 葡萄乾麵包（p.129）

〔材料〕

牛奶麵包麵團

◆ 500克 ················ 精製麵粉
◆ 10克 ······························ 鹽
◆ 50克 ···················· 細砂糖
◆ 25克 ···················· 全脂牛奶
◆ 100克 ······················ 蛋液
◆ 15克 ···················· 新鮮酵母
◆ 10克 ························· 蜂蜜
◆ 100克 ······················ 奶油
◆ 170克 ·························· 水

完成

◆ 1顆 ··· 蛋打散，刷上烤色用
◆ 150克 ······················ 糖粒

檢定當日

在步驟4階段請特別小心：若揉麵過頭且麵團超過24℃，可能會加速發酵的過程，改變麵團的風味和質地，留意遵守發麵的時間，這是醞釀香氣並確保良好質地的關鍵。

〔做法〕

1　牛奶麵包麵團：使用裝有揉麵鉤的攪拌機，於攪拌缸中放入精製麵粉、鹽、糖、牛奶、蛋和新鮮酵母。

2　奶油切成小丁。

3　攪拌機慢速攪打5分鐘，以便麵糊攪拌均勻，避免結塊。

4　提高攪拌機速度，運轉約5分鐘，讓麵團增加彈性。

5　降到慢速，分兩次加入奶油丁。

6　完全融合後，再度加速。麵團應該與攪拌缸壁分離，並在揉麵鉤周邊形成一個圓球。

7　麵團移到工作檯面，塑形成圓球狀，放入打蛋盆，蓋上保鮮膜。

8　在室溫下發酵1小時。這個步驟稱為第一次發酵。

9　壓扁麵團讓它「脫氣」，這可讓酵母菌體再度作用，並排出氣體。放入冰箱冷藏30分鐘。

10　完成：秤出每個80克的小棍狀麵團，在工作檯面撒上少許麵粉（撒粉）。

③ 這個步驟稱為「混合材料」。

麵團必須與攪拌缸壁分離。

④

⑤

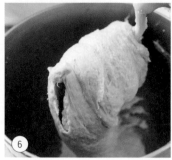

⑥

⑦

11　用手掌壓扁棍狀麵團，從兩邊往內折。重複2到3次。

12　用手掌把麵團往外側滾揉，使麵團慢慢拉長，變成15公分的長條。

13　烤盤鋪上烘焙紙，放上長條狀麵團。甜點刷沾上蛋液塗刷表面，使其在烘烤後上色。

14　在28℃的發酵箱中發酵1小時45分鐘。在家製作的話，請放入30℃的烤箱。

15　取出牛奶麵包麵團，在室溫下靜置10分鐘。以180℃（刻度6）預熱烤箱。

16　再度為小麵包刷上蛋液。

17　剪刀尖端浸入裝有冷水的容器，以便剪出俐落的切面，在麵包表面剪出小切口。

18　撒上糖粒。

19　放入烤箱，溫度降至170℃，烘烤12分鐘。

20　烤好後，麵包滑移到烤架上放涼。

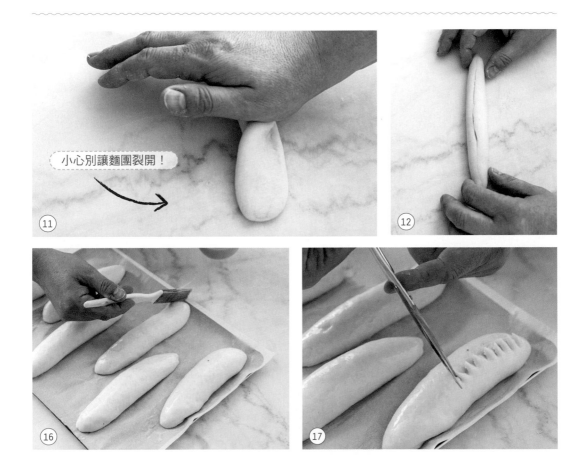

小心別讓麵團裂開！

Bretzels sucrés

3 - 2

甜扭結麵包

〔準備：45分鐘／烘烤：12分鐘／靜置：3小時15分鐘＋冷卻〕

6個
扭結麵包

甜點師
技法

揉麵
發麵
塑形

〔用具〕

+ 附揉麵鉤的攪拌機
+ 刀子
+ 打蛋盆
+ 保鮮膜
+ 烤盤
+ 烘焙紙
+ 甜點刷
+ 烤架

〔基礎應用〕

+ 牛奶麵包麵團（p.121）

〔材料〕

牛奶麵包麵團

+ 250克	精製麵粉
+ 5克	鹽
+ 25克	細砂糖
+ 12克	全脂牛奶
+ 50克	蛋液
+ 7克	新鮮酵母
+ 5克	蜂蜜
+ 50克	奶油
+ 85克	水

完成

1顆	蛋打散，塗刷上烤色用
75克	糖粒

訣竅

Tips

當然也可以使
用鹽粒和孜然
籽製作鹹口味
的扭結麵包。

檢定
當日

盡快製作麵團，因為需要長時間發酵，
而且塑形成扭結麵包時，麵團必須非常冰冷。

〔做法〕

1　牛奶麵包麵團：製作麵團（p.121）。

2　完成：秤出每個80克的6個棍狀麵團，在工作檯面撒上少許麵粉（撒粉）。

3　用手掌壓扁棍狀麵團，從兩邊往內折。重複2次。

4　用手掌把麵團往外側滾揉，使麵團慢慢拉長，變成40公分長的條狀。

5　拿住兩端，編成10公分的辮子。

6　把圓圈翻過來放在辮子末端，不必黏合。

7　烤盤鋪上烘焙紙，放上扭結麵包。用甜點刷沾滿蛋液塗刷表面，使其在烘烤後上色。

8　在28℃的發酵箱中發酵1小時45分鐘。若是在家製作，請放入30℃的烤箱。

9　取出扭結麵包，在室溫下靜置10分鐘。以180℃（刻度6）預熱烤箱。

10　再度為扭結麵包刷上蛋液。

11　撒上糖粒。

12　放入烤箱，溫度降至170℃，烘烤12分鐘。

13　烤好後，扭結麵包滑移到烤架上放涼。

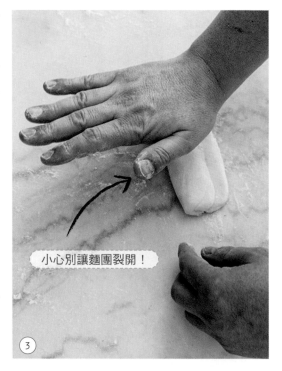

小心別讓麵團裂開！

③

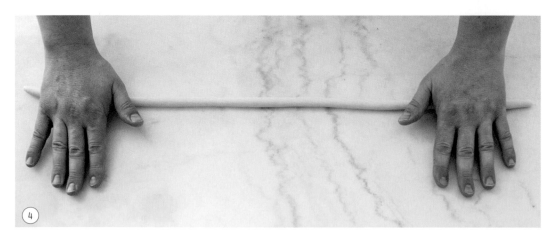

④

在烤盤上的排列方式非常重要。
以一前一後的方式擺放扭結麵包。

Pains aux raisins

〔3-3〕

葡萄乾麵包

〔準備：1小時／烘烤：12分鐘／靜置：3小時35分鐘＋冷卻〕

10個
葡萄乾麵包

甜點師
技法

煮奶醬
揉麵
發麵
擀麵
塑形

訣竅

Tips

可以把葡萄乾換成巧克力豆，或以開心果膏為卡士達醬增添風味。也可以使用可頌麵團做為基底。

〔用具〕

- 有柄平底深鍋
- 打蛋盆
- 打蛋器
- 盤子
- 保鮮膜
- 附揉麵鉤的攪拌機
- 刀子
- 烤盤
- 烘焙紙
- 擀麵棍
- 曲柄抹刀
- 甜點刷
- 大刀

〔基礎應用〕

- 牛奶麵包麵團（p.121）
- 卡士達醬（p.232）
- 30度糖漿（p.28）

〔材料〕

卡士達醬

- 200克 ⋯⋯⋯⋯ 牛奶
- 15克 ⋯⋯⋯⋯ 細砂糖
- 30克 ⋯⋯⋯⋯ 蛋黃
- 15克 ⋯⋯⋯⋯ 奶醬粉

牛奶麵包麵團

- 250克 ⋯⋯⋯⋯ 精製麵粉
- 5克 ⋯⋯⋯⋯ 鹽
- 25克 ⋯⋯⋯⋯ 細砂糖
- 12克 ⋯⋯⋯⋯ 全脂牛奶
- 50克 ⋯⋯⋯⋯ 蛋液
- 7克 ⋯⋯⋯⋯ 新鮮酵母
- 5克 ⋯⋯⋯⋯ 蜂蜜
- 50克 ⋯⋯⋯⋯ 奶油
- 85克 ⋯⋯⋯⋯ 水

完成

- 100克 ⋯⋯⋯⋯ 葡萄乾
- 1顆 ⋯ 蛋打散，刷上烤色用
- 30度糖漿（p.28）

〔做法〕

1　**卡士達醬和牛奶麵包麵團：**使用此食譜的份量製作卡士達醬（p.232）。

2　使用此食譜的份量製作牛奶麵包麵團（p.121），至步驟9為止。

3　**完成：**容器裝入熱水，放入葡萄乾30分鐘使其膨脹。

4　牛奶麵包麵團放在烘焙紙上，擀成40×30公分的長方形。

5　用甜點刷沾滿蛋液塗刷長方形麵皮的寬側。

6　攪拌卡士達醬使其變得柔滑。

7　用抹刀將卡士達醬鋪在麵皮上，不要碰到刷上蛋液的部分。

8　撒上擠乾水分的葡萄乾。

9　從橫向捲起麵團，形成齊整的圓柱。

10　放入冷凍庫20分鐘。

11 切成3公分厚片狀。

12 用甜點刷沾上蛋液塗刷表面。

13 在28℃的發酵箱中發酵1小時45分鐘。若是在家製作,請放入30℃的烤箱。

14 取出麵包,在室溫下靜置10分鐘。以180℃(刻度6)預熱烤箱。

15 再度為麵包刷上蛋液。

16 放入烤箱,溫度降至170℃,烘烤12分鐘。烤好後,麵包滑移到烤架上放涼。

17 用甜點刷塗上30度糖漿(p.28),增加光澤。

檢定
當日
測驗一開始即製作30度糖漿,以免在最後一個步驟時間不夠。
做好備用也許還可用來減少製作翻糖的時間!

Pâte à brioche

3-4

布里歐許麵團

〔準備：35分鐘／靜置：1小時30分鐘〕

定義：質地細膩可以拉絲的發酵麵團，散發濃郁奶油香氣。

1.5公斤
麵團

甜點師
技法

揉麵
發麵

〔用具〕

✦ 附揉麵勾的攪拌機

✦ 刀子

✦ 刮板

〔應用〕

✦ 巴黎布里歐許（p.135）

✦ 三股辮麵包（p.139）

✦ 南特布里歐許（p.143）

〔材料〕

✦ 500克 ⋯⋯⋯⋯⋯ 精製麵粉

✦ 11克 ⋯⋯⋯⋯⋯⋯⋯⋯ 鹽

✦ 100克 ⋯⋯⋯⋯⋯ 細砂糖

✦ 300克 ⋯⋯⋯⋯⋯ 冰涼的蛋

✦ 30克 ⋯⋯⋯⋯⋯ 新鮮酵母

✦ 250克 ⋯ 乾奶油（乳脂84%）

你知道嗎？

考試時，務必要在強制的休息時間之前將麵團放入發酵箱發酵。
也請注意麵團需要長時間靜置。

訣竅

Tips

視需要在揉麵階段停下攪拌機，把攪拌缸底部和揉麵勾上的麵團刮下來。
以便製作出非常均質的麵團。

**檢定
當日**

考試時，務必要在強制的休息時間之前將麵團放入發酵箱發酵。
也請注意麵團需要長時間靜置。

〔做法〕

1　使用裝有揉麵鈎的攪拌機，於攪拌缸中放入精裂麵粉，蓋……糖……蛋和新鮮酵母。

2　奶油切成小丁。

3　攪拌機慢速攪打5分鐘，以便麵糊攪拌均勻，避免結塊。這個步驟稱為「混合材料」。

4　提高攪拌機速度，運轉5分鐘左右，讓麵團增加彈性。

5　等到麵糊在揉麵鈎周邊形成一坨圓球，攪拌機降到慢速，分兩次加入奶油丁。

6　完全融合後，再度加速。麵團應該富有彈性、亮澤且光滑。

7　把麵團移到工作檯面，以刮板塑形成圓球狀。

8　放入打蛋盆，蓋上保鮮膜。

9　在室溫下發酵1小時。這個步驟稱為第一次發酵。

10　壓扁麵團讓它「脫氣」，這可讓酵母菌體再度作用，並排出氣體。放入冰箱冷藏30分鐘。

巴黎布里歐許

〔準備：45分鐘／烘烤：8分鐘／靜置：2小時45分鐘＋冷卻〕

5個單人份
布里歐許

甜點師
技法

揉麵
發麵
塑形

〔用具〕

- 附揉麵勾的攪拌機
- 刀子
- 刮板
- 5個單人份布里歐許模具
- 甜點刷
- 烤盤
- 烤架

〔基礎應用〕

- 布里歐許麵團（p.132）

〔材料〕

布里歐許麵團

- 165克 ········· 精製麵粉
- 4克 ························· 鹽
- 30克 ············· 細砂糖
- 100克 ············· 冰涼的蛋
- 10克 ············· 新鮮酵母
- 80克 ··· 乾奶油（乳脂84％）

完成

- 1顆 ··· 蛋打散，刷上烤色用

訣竅

Tips

可以使用布里歐許麵團塑造出各種形狀，
或做成加餡料的布里歐許，盡情發揮創意！

檢定
當日

＊秤重時，避免將酵母放在鹽上，這會導致新鮮酵母變質。
＊別忽略靜置以讓麵團回復常溫的時間（步驟14）：這可讓
　麵包在烘烤時膨脹得更漂亮。

〔做法〕

1　布里歐許麵團：使用此食譜的份量製作布里歐許麵團（p.132），至步驟9為止。

2　壓扁麵團讓它「脫氣」，這可使酵母菌體再度作用，並排出氣體。

3　分成5個長條狀麵團，每個70克。

4　用手掌壓平麵團。

5　在工作檯上，用手掌滾圓麵團。靜置5分鐘。

6　再度進行「滾圓」步驟，送入冰箱冷藏10分鐘。

7　用甜點刷在5個單人份布里歐許模具表面塗上奶油。

8　用手掌稍微壓扁球狀麵團。

9　布里歐許塑形：用手掌邊緣在麵團上施加壓力，然後前後移動，分成一小一大兩顆圓球，小的做為頭部，大的做為底部。

10　從頭部拿起布里歐許麵團，放在模具中央。

11　食指沾上麵粉。

12　用食指做出凹洞，把布里歐許的「頭部」放在模具底部。

13　完成：甜點刷沾上蛋液，塗在布里歐許頂端以烘烤上色，注意不要讓蛋液從邊緣流下。

③

⑤

14　放在烤盤上，送入28℃的發酵箱中發酵1小時45分鐘。若是在家製作，請放入30℃的烤箱。

15　取出布里歐許麵團，在室溫下靜置10分鐘。以170℃（刻度6）預熱已先放入烤盤的烤箱。

16　再度為布里歐許刷上蛋液。

17　放入烤箱中已熱的烤盤，烘烤8分鐘。

18　布里歐許脫模，然後放回仍舊溫熱的模具中，讓底部稍微變乾燥。移到烤架上。

⑨

⑩

這個步驟對於最後呈現的視覺效果至關重要。

⑫

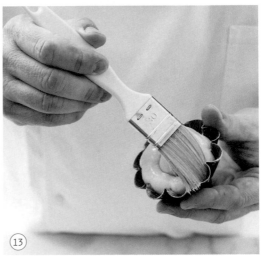

⑬

三股辮麵包

〔準備：45分鐘／烘烤：22分鐘／靜置：3小時25分鐘＋冷卻〕

1個三股
辮麵包

甜點師
技法

揉麵
發麵
塑形

〔用具〕

✦ 附揉麵勾的攪拌機

✦ 刀子

✦ 刮板

✦ 甜點刷

✦ 烤盤

✦ 烤架

〔基礎應用〕

✦ 布里歐許麵團（p.132）

〔材料〕

布里歐許麵團

✦ 165克 ⋯⋯⋯⋯⋯ 精製麵粉

✦ 4克 ⋯⋯⋯⋯⋯⋯⋯⋯ 鹽

✦ 30克 ⋯⋯⋯⋯⋯⋯ 細砂糖

✦ 100克 ⋯⋯⋯⋯ 冰涼的蛋

✦ 10克 ⋯⋯ 新鮮酵母或乾酵母

✦ 80克 ⋯⋯ 乾奶油（乳脂84%）

完成

✦ 1顆 ⋯ 蛋打散，刷上烤色用

✦ 75克 ⋯⋯⋯⋯⋯⋯⋯ 糖粒

訣竅 可以使用辮子麵團做出皇冠麵包，方法是在揉麵階段
Tips 加入15克橙花花水，並在塑形時放入一個小磁偶！
隨你喜歡，在烤好後加上刷了亮面果膠的糖漬水果。

檢定 務必讓麵團在步驟5和6靜置鬆弛，
當日 避免麵團裂開。

〔做法〕

1   布里歐許麵團：使用此食譜的份量製作布里歐許麵團（p.132）。

2   分成3個長條狀麵團，每個100克。

3   用手掌壓扁麵團，從兩邊往中間折。重複此步驟2次。

4   用手掌把麵團往外側滾揉，使麵團慢慢拉長，變成12公分長的條狀。

5   放入冰箱30分鐘。

6   再度稍微滾長麵團，送入冰箱冷藏10分鐘。

7   繼續滾長麵團至40公分長，平行對齊放置三個條狀麵團。

8   稍為黏合三個條狀麵團的一端，開始編辮：1號麵團疊在2號麵團上方。

9   3號麵團疊在1號麵團上方。

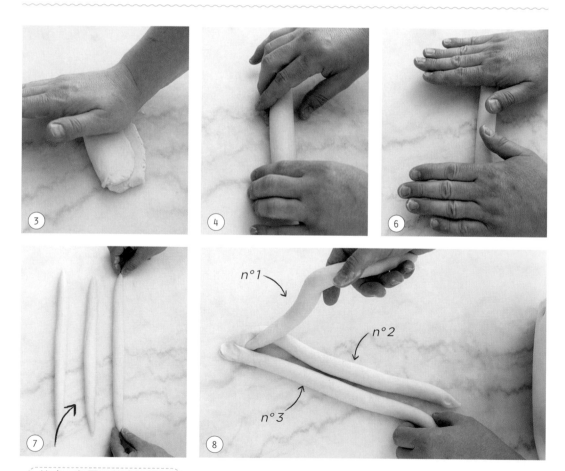

注意，麵團可能會回縮。

10 　2號麵團疊在3號麵團上方。1號麵團疊在2號麵團上方。

11 　黏合麵團另一端，並修飾整齊。

12 　烤盤鋪上烘焙紙，放上辮子麵包。

13 　辮子兩端折到麵包下方藏起來。

14 　完成：用甜點刷塗上蛋液。

15 　放入28℃的發酵箱中發酵1小時45分鐘。若是在家製作，請放入30℃的烤箱。

16 　取出辮子麵包，在室溫下靜置10分鐘。以160℃（刻度5-6）預熱已先放入烤盤的烤箱。

17 　再度為辮子麵包刷上蛋液，然後撒上糖粒。

18 　放入烤箱中已熱的烤盤，烘烤22分鐘。

19 　小心將辮子麵包移到烤架上。

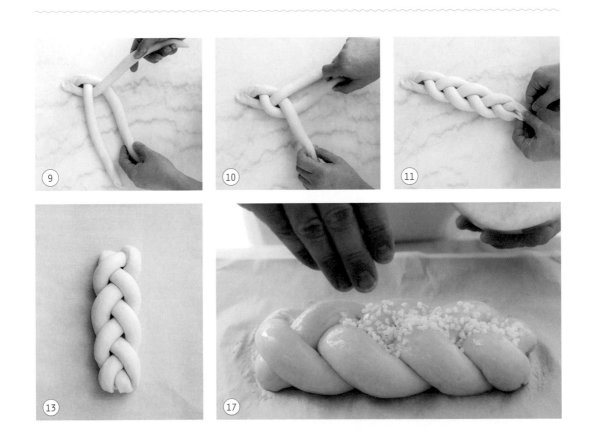

南特布里歐許

〔準備：45分鐘／烘烤：18分鐘／靜置：3小時25分鐘＋冷卻〕

1個南特
布里歐許

甜點師
技法

揉麵
發麵
塑形

〔基礎應用〕

◆ 布里歐許麵團（p.132）

〔用具〕

◆ 附揉麵勾的攪拌機
◆ 刀子
◆ 刮板
◆ 甜點刷
◆ 1個22×8×5公分的南特
  布里歐許模具
◆ 烤盤
◆ 烤架

〔材料〕

布里歐許麵團

◆ 165克 ………… 精製麵粉
◆ 4克 …………………… 鹽
◆ 30克 …………… 細砂糖
◆ 100克 ………… 冰涼的蛋
◆ 10克 …… 新鮮酵母或乾酵母
◆ 80克 …… 乾奶油（乳脂84%）

完成

◆ 1顆 … 蛋打散，刷上烤色用
◆ 30克 ………………… 糖粒

訣竅
Tips

可以在表面撒上巧克力豆或玫瑰帕林內，做出別具特色的布里歐許。
也可以在布里歐許中放入果醬或抹醬做為內餡。

檢定
當日

務必讓麵團在步驟4和5靜置鬆弛，避免麵團裂開。盡早開始製作麵團，
以便遵守發酵時間和靜置時間，這是做出完美布里歐許的關鍵。

〔做法〕

1 布里歐許麵團：使用此食譜的份量製作布里歐許麵團（p.132），至步驟9為止。

2 分成5個長條狀麵團，每個50克。

3 用手掌壓平麵團。

4 在工作檯上，用手掌滾圓麵團。靜置5分鐘。

5 再度進行「滾圓」步驟，送入冰箱冷藏5分鐘。

6 用甜點刷在南特布里歐許模具內部塗上奶油。

7 以一前一後的排列方式，放入5個球狀麵團。

8 完成：甜點刷沾上蛋液，塗在布里歐許表面以烘烤上色。

9 送入28℃的發酵箱中發酵1小時45分鐘。若是在家製作，請放入30℃的烤箱。

10 取出布里歐許麵團，在室溫下靜置10分鐘。以180℃（刻度6）預熱已先放入烤盤的烤箱。

11 再度為布里歐許刷上蛋液。

12 在中央撒上糖粒。

13 放入烤箱中已熱的烤盤，烘烤18分鐘。

14 小心將布里歐許脫模。移到烤架上。

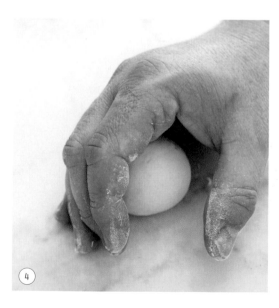

④

⑦

Croissants
et pains au chocolat

〔 3 - 8 〕

原味可頌與巧克力可頌

〔準備：1小時／烘烤：12～15分鐘／靜置：3小時＋冷卻〕

8個可頌和8個
巧克力可頌

甜點師
技法

揉麵
發麵
擀麵
塑形

〔用具〕

+ 附揉麵勾的攪拌機
+ 打蛋盆
+ 保鮮膜
+ 擀麵棍
+ 刀子
+ 烘焙紙
+ 烤盤
+ 甜點刷

TECHNIQUE

看影片學技法

〔材料〕

+ 25克 ························ 新鮮酵母
+ 225克 ······················ 水
+ 250克 ······················ T45麵粉
+ 250克 ······················ 精製麵粉
+ 60克 ························ 細砂糖
+ 10克 ························ 鹽
+ 20克 ························ 奶粉
+ 7克 ·························· 蜂蜜
+ 1顆 ·························· 蛋
+ 100克 ······················ 霜化奶油
+ 250克 ······················ 乾奶油
+ 1顆 ··· 蛋打散，刷上烤色用

巧克力可頌

+ 16根 ························ 巧克力棒

訣竅

Tips

若要製作超級誘人邪惡的版本，
可以澆上淋醬或包入內餡。

檢定
當日

盡快開始製作麵團，
因為需要非常長的靜置時間！

〔做法〕

1　使用裝有揉麵鉤的攪拌機，於攪拌缸中放入麵粉、糖、鹽、奶粉，加入水和酵母、蜂蜜、蛋和霜化奶油。

2　揉麵直到麵團變得厚實，不會太過鬆軟。麵團應該與攪拌缸壁分離。

3　塑形成圓球狀，取出放在打蛋盆中，蓋上保鮮膜，在室溫下發酵成兩倍體積。

4　壓扁麵團讓它「脫氣」，這可使酵母菌體再度作用，並排出氣體。再度覆上保鮮膜，放入冷凍庫30分鐘或急凍箱10分鐘。

5　麵團擀成厚1.5公分的正方形。

6　乾奶油放在兩片塑膠片之間，擀成邊長20公分的正方形。

7　在包覆麵團中央放上正方形奶油片，從四個角向內包起，形如信封。

8　用擀麵棍在麵團表面下壓數次，讓所有材料黏合。

9　麵團擀成長寬比3：1，厚1.5公分的長方形。

10　麵皮劃分為三份互相折疊，做出第一次單折。

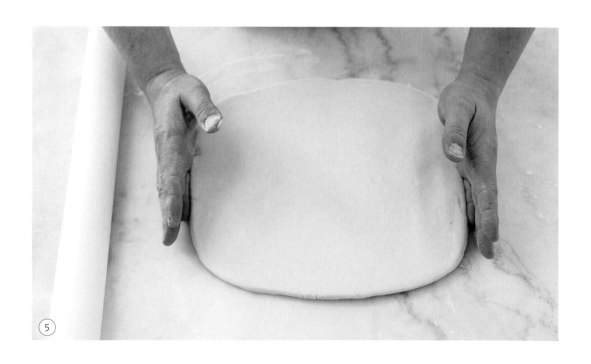

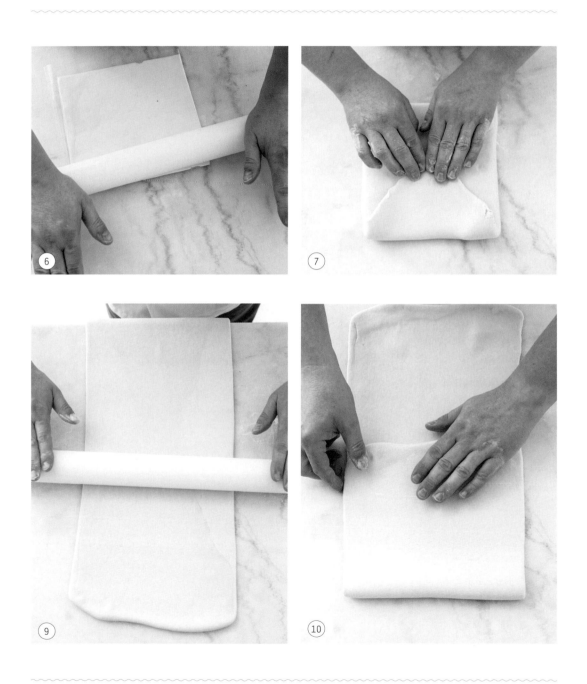

11 麵團轉90度，讓折口朝右。

12 麵團再次擀成長方形，然後對折再對折。

13 放入冰箱靜置20到30分鐘。

14 方形麵團切成兩半：一半製作原味可頌，一半製作巧克力可頌。

15 麵團擀成70×40公分，厚3公釐的2個長方形麵皮。用刀子切邊，使邊緣齊整。

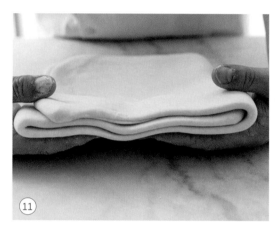

16　原味可頌：在原味可頌用的長方形麵皮上，切出8個三角形。

17　在每個三角形麵皮底邊中央切出一個小縫。

18　雙手平行放在麵皮兩端，從最寬處向最窄處捲起，做出可頌。

19　輕壓頂端，稍為黏合可頌。

20　烤盤鋪上烘焙紙，放上可頌。

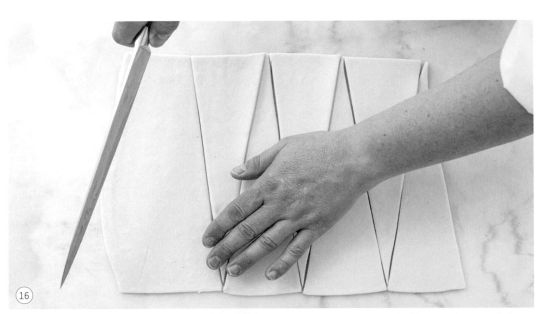

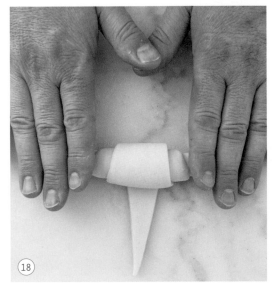

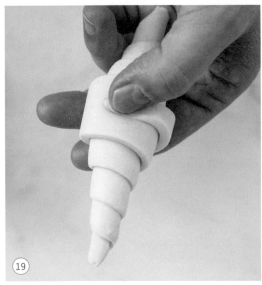

21　巧克力可頌：重複步驟17：在巧克力可頌用的長方形麵皮上，切出8個長角形。在每個長方形底部放一根巧克力棒。

22　先將小部分麵皮放在巧克力棒上方，輕壓以黏合。

23　在黏合處再放上一根巧克力棒。

24　捲起剩下的麵皮，直到最末端。

25　以220℃（刻度7-8）預熱烤箱。烤盤鋪上烘焙紙，放上巧克力可頌。用手掌輕壓，讓整體黏合。

26　用甜點刷在原味可頌和巧克力可頌表面刷上蛋液。

27　在26-28℃的發酵箱發酵1小時。再度刷上蛋液。

28　送入烤箱烘烤12到15分鐘。

29　原味可頌和巧克力可頌移到烤架上。

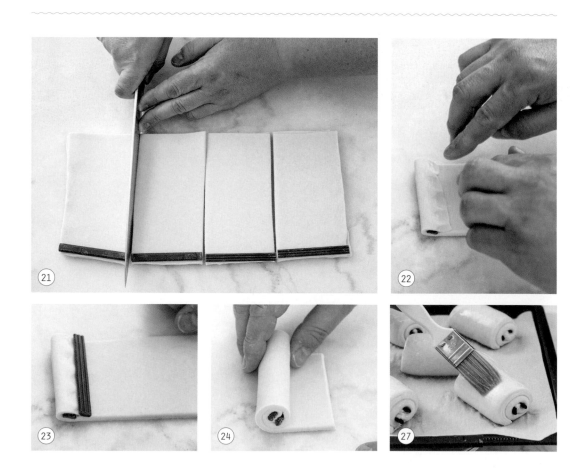

Les pâtes
battues

Part 4

麵糊類
蛋糕

Cakes aux fruits confits

糖漬水果長條蛋糕

〔準備：30分鐘／烘烤：40分鐘／靜置：冷卻〕

2個500克
蛋糕

甜點師
技法

霜化奶油

訣竅

Tips

可以將糖漬水果
浸在少許棕色蘭
姆酒中幾小時。

〔用具〕

+ 刀子
+ 篩子
+ 烘焙紙
+ 2個18×18公分長條蛋糕模
+ 甜點刷
+ 附葉片的攪拌機
+ 打蛋盆
+ 刮刀
+ 曲柄抹刀
+ 烤盤
+ 勺子
+ 濾網
+ 烤架

〔材料〕

蛋糕

+ 125克 ⋯⋯⋯ 糖漬水果，切丁
+ 165克 ⋯⋯⋯ 金黃葡萄乾
+ 60克 ⋯⋯⋯ 軟杏桃乾
+ 100克 ⋯⋯⋯ 糖漬櫻桃
+ 60克 ⋯⋯⋯ 蜜李
+ 305克 ⋯⋯⋯ 麵粉
+ 7克 ⋯⋯⋯ 泡打粉
+ 185克 ⋯⋯⋯ 室溫奶油
+ 100克 ⋯⋯⋯ 細砂糖
+ 185克 ⋯⋯⋯ 蛋
+ 2克 ⋯⋯⋯ 鹽

完成

+ 20克 ⋯⋯⋯ 杏仁片
+ 100克 ⋯⋯⋯ 15度糖漿
+ 50克 ⋯⋯⋯ 透明鏡面果膠
+ 糖粉

建議
Point

為了避免糖漬水果沉到蛋糕底部，
在拌入水果時，粉料必須非常冰涼。

〔做法〕

1　**長條蛋糕：**保留少許果乾和糖漬水果做為裝飾。其餘切碎。

2　以165℃（刻度6）預熱已放入烤盤的烤箱。

3　麵粉和泡打粉一起過篩，下方鋪一張烘焙紙。

4　用甜點刷在蛋糕模內部塗刷奶油。

5　以裝上葉片的攪拌機攪打室溫奶油和糖。

6　加入蛋和鹽，持續攪拌。

7　混拌粉料與切碎的糖漬水果、葡萄乾、蜜李、杏桃和櫻桃。

8　用刮刀將步驟7的備料與攪拌機中的糊料拌勻。

9　在每個模具中放入500克蛋糕麵糊。

10　以曲柄抹刀抹平蛋糕表面。

這可以讓糖漬水果不會沉到模具底部。

11   完成：撒上杏仁片。

12   放入烤箱中已熱的烤盤上，烘焙40分鐘。插入小刀確認熟度，刀尖拔出時應該沒有沾
　　　黏糊料。

13   蛋糕一取出烤箱即淋上15度糖漿。

14   溫度下降後脫模，移到烤架上冷卻。

15   使用甜點刷，在蛋糕表面塗上透明鏡面果膠。

16   撒上備用的果乾和糖漬水果，以濾網撒上糖粉。

檸檬長條蛋糕

〔準備：30分鐘／烘烤：40分鐘／靜置：冷卻〕

2個450克
蛋糕

甜點師
技法
霜化奶油

〔用具〕

+ 烤盤
+ 2個18×18公分長條蛋糕模
+ 甜點刷
+ 篩子
+ 打蛋盆
+ Microplane®刨刀
+ 有柄平底深鍋
+ 附打蛋器的攪拌機
+ 刮板
+ 刀子
+ 烤架

〔材料〕

蛋糕

+ 280克 ——————— 麵粉
+ 5克 ——————— 泡打粉
+ 3顆 ——————— 檸檬皮碎
+ 3克 ——————— 鹽
+ 150克 ——————— 奶油
+ 275克 ——————— 蛋
+ 300克 ——————— 細砂糖
+ 150克 ——————— 酸奶油

完成

+ 30克 ——————— 金色鏡面果膠
+ 數片 ——————— 糖漬檸檬
+ 少許 ——— 金橘蜜餞和糖薑
+ 數顆 ——————— 焙烤過的杏仁
+ 數段 ——————— 檸檬百里香

你知道嗎？

使用融化奶油製作蛋糕能讓質地更酥脆，
使用霜化奶油則能讓蛋糕更鬆軟。

訣竅

Tips

若想讓質地更加鬆軟，可以在蛋糕取出烤箱後，浸入稍帶甜味的檸檬糖漿。
也可使用各種柑橘類水果製作不同版本：綠檸檬、柚子、柳橙、葡萄柚……

建議

Point

蛋糕在冰涼時品嘗風味最佳，
所以必須盡快開始製作，以便呈上時處於最佳溫度。

〔做法〕

1　以165℃（刻度6）預熱已放入烤盤的烤箱。

2　用甜點刷在蛋糕模內部塗刷奶油。

3　**長條蛋糕**：麵粉和泡打粉一起過篩，放入攪拌缸中。使用Microplane®刨刀磨進檸檬皮碎。加鹽混拌均勻。

4　在有柄深鍋中融化奶油，冷卻備用。

5　以裝上打蛋器的攪拌機攪打蛋和糖，直到發白。

6　加入混合檸檬皮碎的粉料。

7　加入酸奶油。

8　一邊攪拌一邊加入融化奶油，直到麵糊光滑有亮度。

9　在每個模具中放入450克蛋糕麵糊。

10　放入烤箱中已熱的烤盤上，烘烤40分鐘。插入小刀確認熟度，刀尖拔出時應該沒有沾黏糊料。

11　蛋糕冷卻至微溫後脫模，移到烤架上冷卻。

12　**完成**：使用甜點刷，在蛋糕表面塗上金色鏡面果膠。

13　以幾片糖漬檸檬、金橘蜜餞、糖薑、烤杏仁和檸檬百里香裝飾。

③　　　　　　　　⑤　　　　　　　　⑥

Cakes au
chocolat et fruits secs

4 - 3

巧克力堅果長條蛋糕

〔準備：30分鐘／烘烤：50分鐘／靜置：冷卻〕

〔用具〕

+ 有柄平底深鍋
+ 烤盤
+ 2個18×18公分長條蛋糕模
+ 甜點刷
+ 烘焙紙
+ 刀子
+ 篩子
+ 附葉片和打蛋器的攪拌機
+ 刮刀
+ 烤架
+ 盤子

〔基礎應用〕

+ 巧克力裝飾（p.290）

〔材料〕

巧克力淋面

+ 100克 ———— 調溫巧克力
+ 40克 ———— 杏仁條
+ 38克 ———— 葡萄籽油
+ 250克 ———— 淋面用巧克力

長條蛋糕

+ 150克 ———— 奶油
+ 30克 ———— 榛果
+ 22克 ———— 杏仁
+ 22克 ———— 開心果
+ 50克 ———— 調溫巧克力淋醬
+ 135克 ———— 麵粉
+ 3克 ———— 泡打粉
+ 28克 ———— 可可粉
+ 105克 ———— 50/50杏仁膏
+ 125克 ———— 細砂糖
+ 150克 ———— 蛋
+ 115克 ———— 牛奶

完成

+ 焙烤過的堅果（開心果、松子、杏仁、榛果）
+ 巧克力裝飾（p.290）

2個
450克蛋糕

甜點師
技法

模具防沾
蛋糕淋面

訣竅

Tips

可以把調溫巧克力淋醬換成可可脂70%的調溫黑巧克力。

〔做法〕

1　**巧克力淋面**：融化巧克力和巧克力淋醬製作巧克力淋面，加入油和杏仁。保存在28-29℃等待使用。

2　**長條蛋糕**：以165℃（刻度6）預熱已放入烤盤的烤箱。

3　用甜點刷在蛋糕模內部塗刷奶油。

4　在有柄深鍋中融化奶油，冷卻備用。

5　冷烤盤鋪上烘焙紙，放上一層堅果，在烤箱中焙烤15分鐘。切碎巧克力。

6　麵粉、泡打粉和可可粉一起過篩，下面鋪一張烘焙紙。

7　以裝上葉片的攪拌機攪打切丁杏仁膏和糖。

8　取下葉片，換上打蛋器。加入蛋和牛奶，開始攪打。

9　分批拌入過篩的粉類。

> 攪拌杏仁膏和糖直到柔滑。

10　加入冷卻的融化奶油，直到麵糊柔滑有光澤。

11　用刮刀混拌切碎的巧克力和冷卻的堅果。

12　在每個模具中放入450克蛋糕麵糊。

13　放入烤箱中已熱的烤盤上，烘焙40分鐘。插入小刀確認熟度，刀尖拔出時應該沒有沾黏糊料。

14　蛋糕冷卻至微溫後脫模，移到下方墊有盤子的烤架上冷卻。

15　**完成**：在每個蛋糕表面澆上淋醬。

16　使用曲柄抹刀將蛋糕移到板子上。

17　飾以焙烤過的堅果和巧克力裝飾。

淋醬的使用溫度為28-29℃。

建議
Point

＊蛋糕在冰涼時品嘗風味最佳，所以必須盡快開始製作，以便呈上時處於最佳溫度。
＊先從巧克力淋醬開始製作，因為它在使用時絕對必須處於28-29℃之間的溫度。

Madeleines vanille citron

4-4

香草檸檬瑪德蓮

〔準備：25分鐘／烘烤：12分鐘／靜置：1小時〕

〔用具〕

+ 篩子
+ 烘焙紙
+ 有柄平底深鍋
+ Microplane®刨刀
+ 烹飪用溫度計
+ 附打蛋器的攪拌機
+ 刮刀
+ 烤盤
+ 擠花袋
+ 10號平口花嘴
+ 鐵製瑪德蓮模具
+ 烤架

〔材料〕

+ 185克 ────── 麵粉
+ 8克 ────── 泡打粉
+ 200克 ────── 奶油
+ 15克 ────── 植物油
+ 3克 ────── 鹽之花或鹽
+ 2顆 ────── 檸檬皮碎
+ 75克 ────── 冰涼牛奶
+ 1根 ── 香草莢，縱切取籽
+ 10克 ────── 液態蜂蜜
+ 172克 ────── 蛋
+ 33克 ────── 蛋黃
+ 180克 ────── 細砂糖

2個
450克蛋糕

甜點師
技法

裝填擠花袋
擠花
模具防沾

建議
Point

快速製作瑪德蓮麵糊，然後靜置鬆弛。
到最後一刻才烘烤瑪德蓮，趁溫熱上桌。

訣竅
Tips

* 可以使用喜歡的材料為瑪德蓮增添風味：佛手柑、巧克力、開心果等。
　也可以在瑪德蓮出爐後以巧克力抹醬、檸檬凝乳或果醬做為夾心。
* 瑪德蓮置於冷凍庫或白鐵盒中可長期保存。

〔做法〕

1　麵粉和泡打粉一起過篩，下方鋪一張烘焙紙。

2　奶油、植物油、鹽，以及用Microplane®刨刀磨下的檸檬皮碎一起放在有柄深鍋中加熱。達到70℃後熄火。

3　加入冰涼的牛奶、香草籽和蜂蜜。降溫備用。

4　使用裝上打蛋器的攪拌機，攪打蛋、蛋黃和細砂糖。

5　在上述蛋糖糊中加入過篩的麵粉和泡打粉。

6　等到深鍋中的內容物降至45℃後，在攪拌機不停的情況下倒入攪拌缸。

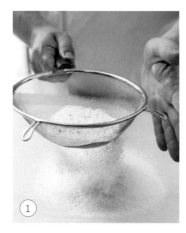

7　麵糊柔滑後，放入冰箱1小時。

8　以200℃（刻度7）預熱已放入烤盤的烤箱。

9　擠花袋裝上10號平口花嘴，放入冷卻的瑪德蓮麵糊。

10　在模具內部塗上奶油並撒上麵粉，進行防沾作業。

11　瑪德蓮麵糊擠入模具。

12　放入烤箱中已熱的烤盤上，以便讓瑪德蓮的稜線特徵更加明顯。烘烤5分鐘後，降溫至175℃（刻度6），再烤7分鐘。

13　在烤架上將瑪德蓮脫模。

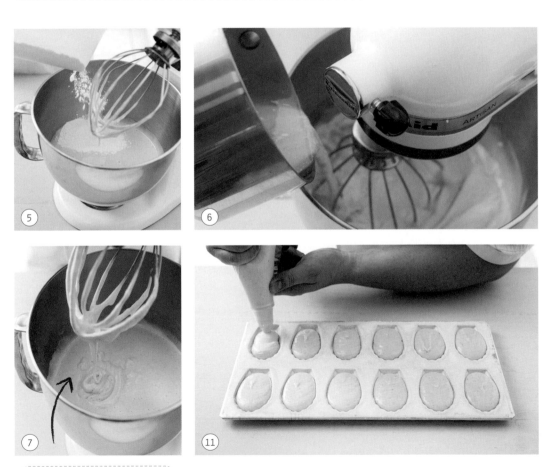

質地必須呈光滑緞帶狀。

La pâte
feuilletée

Part 5

千層酥皮
麵團

Pâte feuilletée rapide

5 - 1

快速千層酥皮麵團

〔準備：30分鐘／靜置：1小時5分鐘〕

定義：細緻輕盈的酥脆麵團，透過一連串折疊，做出多層薄酥皮。
在製作上比傳統版本（p.177）更加快速。

550克
麵團

〔用具〕

✦ 刀子

✦ 附揉麵勾的攪拌機

✦ 保鮮膜

✦ 擀麵棍

〔材料〕

✦ 200克 ⋯⋯ 乾奶油（乳脂84%）

✦ 250克 ⋯⋯⋯⋯⋯⋯⋯ 麵粉

✦ 5克 ⋯⋯⋯⋯⋯⋯⋯⋯⋯ 鹽

✦ 125克 ⋯⋯⋯⋯⋯⋯⋯⋯⋯ 水

甜點師
技法
⋯⋯⋯⋯
揉麵
擀麵

〔應用〕

✦ 蘋果拖鞋酥（p.181）

訣竅

Tips

千層酥皮麵團的量越大，越容易製作。
加倍分量，可降低困難度。

建議

Point

嘗試在每次單折之間盡可能靜置最長時間，
讓麵團筋度不那麼高，烘烤時才不會回縮。

TECHNIQUE

看影片學技法

〔做法〕

1　奶油切丁，放入冷凍庫20分鐘。

2　使用裝上揉麵勾的攪拌機，攪打麵粉、鹽和冷凍奶油丁。

3　一邊持續攪拌，一邊加入水。

4　不要過度揉麵，必須仍能看到奶油丁。

5　以保鮮膜包覆麵團，靜置15分鐘。

6 在工作檯面和擀麵棍撒上少許麵粉（撒粉）。

7 麵團擀成15×50公分的長方形。

8 長方形麵皮劃分成三份，從兩端往內折疊，形成一個正方形（1次單折）。

9 **麵團旋轉90度：**有層次那端應該朝向自己。

10 再度將麵團擀成15×50公分的長方形，然後從麵皮兩端往內折疊（1次單折）。

11 放入冰箱靜置30分鐘。

12 重複上數操作，擀麵並折起，總共三次（3次單折）。快速千層酥皮麵團（5次單折）即可使用。

長方形麵皮的長寬
比應為3:1。

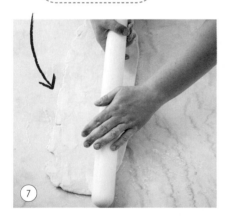

Pâte feuilletée (à 5 tours)

5 - 2

千層酥皮麵團（5折）

〔準備：45分鐘／靜置：1小時45分鐘〕

定義：細緻輕盈的酥脆麵團，透過一連串折疊，做出多層薄酥皮。

1.1公斤
麵團

訣竅

Tips

有些專業師傅
會加入幾滴白
醋或檸檬汁，
讓千層酥皮麵
團顏色更白。

〔用具〕

+ 有柄平底深鍋
+ 打蛋盆
+ 附揉麵勾的攪拌機
+ 刀子
+ 保鮮膜
+ 塑膠片
+ 擀麵棍

〔應用〕

+ 覆盆子聖多諾黑泡芙（p.114）
+ 皇冠杏仁派（p.189）
+ 達圖瓦派（p.185）
+ 蝴蝶酥（p.193）
+ 香草焦糖千層派（p.197）

〔材料〕

蛋糕

+ 375克 —————— 乾奶油
+ 250克 —————— 水
+ 500克 —————— 麵粉
+ 10克 —————— 鹽
+ 75克 —————— 融化奶油

甜點師
技法

揉麵
擀麵

檢定
當日

嘗試在每次單折之間盡可能靜置最長時間，
讓麵團筋度不那麼高，在烘烤時才不會回縮。
提醒：1次單折=1折，1次雙折=1.5折。

〔做法〕

1   融化75克奶油，與250克水混合。

2   使用裝有揉麵鈎的攪拌機，混合麵粉和鹽。

3   加入三分之二的油水混合物。

4   倒入剩下的水，繼續高速揉麵，但不要過度操作。

5   此包裹麵團整合成球狀。在上面劃出十字痕。以保鮮膜或塑膠紙包起，放入冰箱靜置15分鐘。

6   擀平冰涼的乾奶油，用擀麵棍在表面敲擊數次。

7   乾奶油放在塑膠片之間，繼續擀成邊長12公分的正方形。放入冰箱保存。

8   包覆麵團擀成邊長20公分的正方形。

9   在包覆麵團中央放上正方形奶油片。

10   從包覆麵團的四個角向內包起，形如信封。

11   正方形麵團擀成20×60公分的長方形，長寬比3：1。

12   **製作一個單折：**麵皮劃分成三部分，從兩端往內蓋上麵皮，形成一個正方形。

13 製作一個雙折：讓麵團折口那端面向自己，再次擀平麵團，形成20×60公分的長方形。麵團劃分為4部分，兩端的1/4向內折疊，然後再折疊一次。

14 麵團放入冰箱，靜置至少30分鐘。

15 重複上述作業（步驟11、12、13）：製作兩次單折和兩次雙折。千層酥皮麵團即可完成使用。

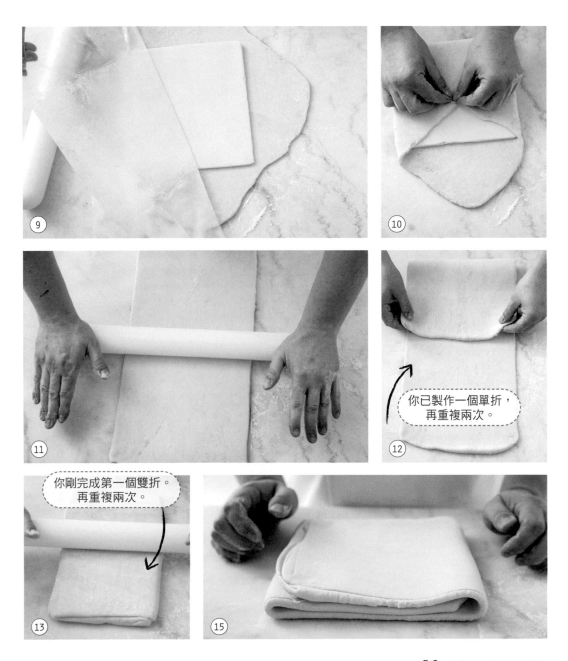

你已製作一個單折，再重複兩次。

你剛完成第一個雙折。再重複兩次。

Chaussons aux pommes

5-3

蘋果拖鞋酥

〔準備：1小時／烘烤：50分鐘／靜置：1小時35分鐘〕

定義：細緻輕盈的酥脆麵團，透過一連串折疊，做出多層薄酥皮。

6個
拖鞋酥

你知道嗎？

乾奶油，也稱為裹入奶油，用於製作千層酥皮麵團和千層發酵麵團。含有最高量的油脂（84%，而非82%），水分較少，能夠確保麵團不塌軟。在家製作時，可以換成Charentes-Poitou的AOP奶油。

〔用具〕

✦ 刀子
✦ 附揉麵勾的攪拌機
✦ 保鮮膜
✦ 擀麵棍
✦ 直徑12到15公分花形切模
✦ 有柄平底深鍋
✦ 盤子
✦ 甜點刷
✦ 湯匙
✦ 烤盤
✦ 烘焙紙
✦ 烤架

〔基礎應用〕

✦ 快速千層酥皮麵團（p.174）

〔材料〕

千層酥皮麵團

✦ 375克 ………… 奶油
✦ 250克 ………… 水
✦ 500克 ………… 麵粉
✦ 10克 ………… 鹽
✦ 75克 ………… 融化奶油

蘋果醬

✦ 8顆 ………… 蘋果
✦ 150克 ………… 黃砂糖
✦ 1根 ……… 香草莢，縱切取籽
✦ 50克 ………… 奶油

完成

✦ 1顆 …… 蛋打散，塗刷上烤色用

甜點師
技法

揉麵
擀麵

訣竅

Tips

增添美味的建議：可以使用奶油和糖製作焦糖蘋果，做為蘋果拖鞋酥的內餡。

〔做法〕

1 **快速千層酥皮麵團：**製作千層酥皮麵團（p.174）。

2 **蘋果醬：**蘋果削皮切塊。

3 放入有柄深鍋，加少許水、黃砂糖和香草籽。加蓋以中火煮約10分鐘。

4 離火後加入奶油並攪拌。

5 倒入盤中冷卻，蓋上保鮮膜，使其與蘋果表面接觸。

6 **完成：**麵團擀成4-5公釐厚。以170℃（刻度6）預熱烤箱。

7 使用直徑15公分花形切模，或拖鞋酥切模，切出6片圓形麵皮。

8 再度將麵皮擀成橢圓形。

用刀尖檢查烹煮狀況。

③

④

⑦

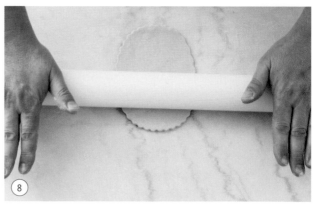

⑧

9 以甜點刷在麵皮邊緣刷上蛋液。

10 在每片麵皮中央放上少許蘋果醬。

11 折起麵皮形成拖鞋狀，按壓邊緣以固定黏合。放在鋪了烘焙紙的烤盤上。

12 二度刷上蛋液，放入冰箱靜置30分鐘。

13 用刀尖刻出花紋。

14 在中央切出一條縫，送入烤箱烘烤30分鐘。

15 從烤箱取出後，以薄糖漿（15度）為拖鞋酥刷上亮澤。移到烤架上。

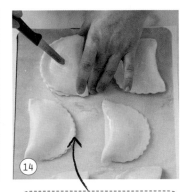

切出縫隙好在烘烤期間讓蒸氣
逸出，避免拖鞋酥變形。

檢定
當日

盡快製作麵團，以便遵守每次折疊之間的靜置鬆弛時間。
並且讓拖鞋酥的大小保持一致，才不會在烘烤時變形。

看影片學技法

Dartois

5 - 4

達圖瓦派

〔準備：1小時15分鐘／烘烤：40到45分鐘／靜置：2小時45分鐘〕

〔用具〕

+ 有柄平底深鍋
+ 打蛋盆
+ 附揉麵勾的攪拌機
+ 刀子
+ 保鮮膜
+ 塑膠片
+ 擀麵棍
+ 打蛋器
+ 擠花袋
+ 平口花嘴
+ 甜點刷
+ 烤盤
+ 烘焙紙
+ 烤架

〔基礎應用〕

+ 千層酥皮麵團（p.177）
+ 杏仁奶油餡（p.250）

〔材料〕

千層酥皮麵團

+ 250克 ……………………… 麵粉
+ 5克 ……………………………… 鹽
+ 125克 ……………………………… 水
+ 185克 ………………………… 乾奶油
+ 1顆 …蛋打散，塗刷上烤色用

杏仁奶油餡

+ 75克 ……………………………… 奶油
+ 75克 ………………………… 細砂糖
+ 10克 ………………………… 香草精
+ 75克 ……………………………… 蛋
+ 75克 ………………………… 杏仁粉
+ 15克 ……………………………… 麵粉
+ 5克 ………………………… 蘭姆酒

糖漿

+ 20克 ……………………………… 水
+ 30克 ………………………… 細砂糖

6人份

甜點師
技法

揉麵
擀麵
霜化奶油
填裝擠花袋
擠花

訣竅

Tips

加入不會出太多
水的水果是好主
意，例如櫻桃、
杏桃或燉煮洋
梨，讓達圖瓦派
更加爽口。

檢定
當日　盡快製作千層酥皮，
以便能遵守靜置時間。

〔做法〕

1　**千層酥皮麵團**：使用此食譜的份量製作千層酥皮麵團（p.177）。

2　**杏仁奶油餡**：使用此食譜的份量製作杏仁奶油餡（p.250），填入裝有平口花嘴的擠花袋（p.30），放入冰箱保存備用。

3　**糖漿**：製作30度糖漿（p.28）。

4　**組合**：千層酥皮麵團擀成3公釐厚。

5　切出40×26公分的長方形麵皮。

6　縱切成兩半，得到2片長方形麵皮，其中一片略大於另一片，較大者之後將疊放在上方。

7　烤盤鋪上烘焙紙，放上較小片的麵皮。

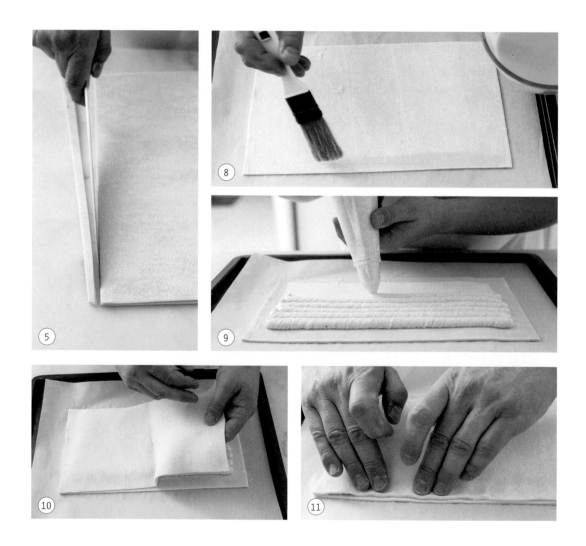

8 用甜點刷沿著邊緣一公分處刷上蛋液。

9 在未刷上蛋液的表面，縱向擠上條狀杏仁奶油餡。

10 蓋上第二片長方形麵皮。

11 按壓邊緣以便緊密接合。

12 用刀子在邊緣劃出小痕，做出麵皮花邊。

13 以甜點刷在麵皮表面塗上蛋液。放入冰箱20分鐘。

14 再度刷上蛋液。用刀尖劃出裝飾花紋。

15 在麵皮上切出幾道縫隙，讓蒸氣在烘烤期間散出，然後放入冰箱靜置40分鐘。

16 以200℃（刻度7）預熱烤箱。

17 送入烤箱烘烤15分鐘，然後降溫至170℃（刻度6），繼續烘烤30到35分鐘。

18 出爐後，用甜點刷在達圖瓦派表面刷上糖漿增添光澤，然後移到烤架。

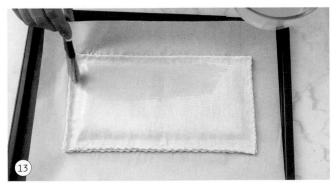

Pithiviers

〔5-5〕

皇冠杏仁派

〔準備：1小時20分鐘／烘烤：40到45分鐘／靜置：2小時45分鐘〕

6人份

甜點師
技法
....
揉麵
擀麵
霜化奶油
填裝擠花袋
擠花

你知道嗎？
皇冠杏仁派跟國王餅
十分類似，連邊緣的
花紋都很像。不過，
國王餅的餡料通常是
混合杏仁奶油餡和卡
士達的卡士達杏仁奶
油餡。

〔用具〕

◆ 有柄平底深鍋
◆ 打蛋盆
◆ 附揉麵勾的攪拌機
◆ 水果刀
◆ 保鮮膜
◆ 塑膠片
◆ 擀麵棍
◆ 打蛋器
◆ 擠花袋
◆ 平口花嘴
◆ 甜點刷
◆ 直徑25公分切模或打蛋盆
◆ 烤盤
◆ 烘焙紙
◆ 直徑4公分切模
◆ 烤架

〔基礎應用〕

◆ 千層酥皮麵團（p.177）
◆ 杏仁奶油餡（p.250）

〔材料〕

千層酥皮麵團

◆ 250克 ⋯⋯⋯⋯⋯⋯⋯ 乾奶油
◆ 7.5克 ⋯⋯⋯⋯⋯⋯⋯⋯ 鹽
◆ 375克 ⋯⋯⋯⋯⋯⋯⋯ 麵粉
◆ 140克 ⋯⋯⋯⋯⋯⋯⋯⋯ 水
◆ 1顆 ⋯⋯ 蛋打散，塗刷上烤色用

杏仁奶油餡

◆ 75克 ⋯⋯⋯⋯⋯⋯⋯⋯ 奶油
◆ 75克 ⋯⋯⋯⋯⋯⋯⋯ 細砂糖
◆ 數滴 ⋯⋯⋯⋯⋯⋯⋯ 香草精
◆ 75克 ⋯⋯⋯⋯⋯⋯⋯⋯⋯ 蛋
◆ 75克 ⋯⋯⋯⋯⋯⋯⋯ 杏仁粉
◆ 10克 ⋯⋯⋯⋯⋯⋯⋯⋯ 麵粉
◆ 5克 ⋯⋯⋯⋯⋯⋯⋯⋯ 蘭姆酒

上亮光用糖漿

◆ 20克 ⋯⋯⋯⋯⋯⋯⋯⋯⋯ 水
◆ 20克 ⋯⋯⋯⋯⋯⋯⋯ 細砂糖

檢定當日　盡快製作千層酥皮，以便能遵守靜置時間。

〔做法〕

1　**千層酥皮麵團**：使用此食譜的份量製作千層酥皮麵團（p.177）。

2　**杏仁奶油餡**：使用此食譜的份量製作杏仁奶油餡（p.250），填入裝有平口花嘴的擠花袋（p.30），放入冰箱保存備用。

3　**糖漿**：製作30度糖漿（p.28）。

4　**組合**：千層酥皮麵團擀成3公釐厚。

5　切出2片邊長30公分的正方形麵皮。再用切模或轉動打蛋盆，切出2個直徑25公分的圓片。

6　烤盤鋪上烘焙紙，放上一片圓形麵皮。

7　用甜點刷沿著邊緣一公分處刷上蛋液。

8　在未刷上蛋液的表面，擠上螺旋狀杏仁奶油餡。

9　蓋上第二片圓形麵皮。

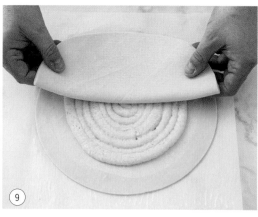

10 按壓邊緣以便緊密接合。

11 用直徑4公分的切模鈍邊，在皇冠杏仁派的邊緣壓出半圓形。放入冷凍庫10分鐘。

12 用刀尖沿著印痕切掉多餘部分，做出波浪形邊緣。

13 以甜點刷在麵皮表面塗上蛋液。

14 用刀子在邊緣劃出小痕，做出麵皮花邊。放入冰箱15到20分鐘。

15 再度刷上蛋液，以刀尖刻出裝飾花紋。

16 在麵皮上切出幾道縫隙，放入冰箱靜置40分鐘。

17 以200℃（刻度7）預熱烤箱。

18 送入烤箱烘焙15分鐘，然後降溫至170℃（刻度6），繼續烘烤25到30分鐘。

19 出爐後，用甜點刷在皇冠杏仁派表面刷上糖漿增添光澤，然後移到烤架。

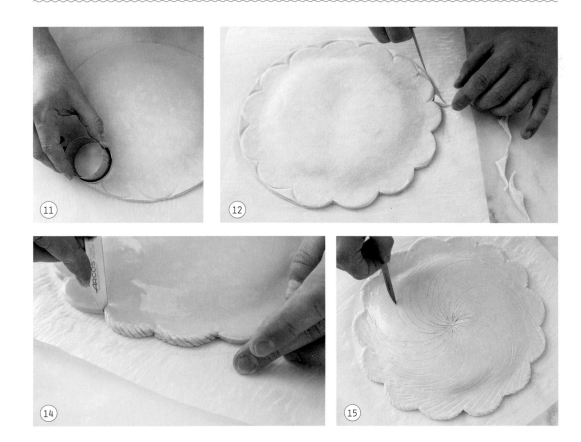

Palmiers

5 - 6

蝴蝶酥

〔準備：1小時／烘烤：25分鐘／靜置：1小時40分鐘〕

定義：細緻輕盈的酥脆麵團，透過一連串折疊，做出多層薄酥皮。

12個大蝴蝶酥或
50個小蝴蝶酥

你知道嗎？

乾奶油，也稱為裹入奶油，用於製作千層酥皮麵團和千層發酵麵團。含有最高量的油脂（84%，而非82%），水分較少，能夠確保麵團不塌軟。在家製作時，可以換成Charentes-Poitou的AOP奶油。

〔用具〕

+ 有柄平底深鍋
+ 打蛋盆
+ 附揉麵勾的攪拌機
+ 刀子
+ 保鮮膜
+ 塑膠片
+ 擀麵棍
+ 烤盤
+ 烤架

〔基礎應用〕

+ 千層酥皮麵團（p.177）

〔材料〕

千層酥皮麵團

+ 185克 ⋯⋯⋯⋯⋯ 乾奶油
+ 125克 ⋯⋯⋯⋯⋯⋯⋯ 水
+ 250克 ⋯⋯⋯⋯⋯⋯ 麵粉
+ 5克 ⋯⋯⋯⋯⋯⋯⋯⋯ 鹽
+ 200克 ⋯⋯⋯⋯⋯ 細砂糖

完成

+ 75克 ⋯⋯⋯⋯⋯ 融化奶油

訣竅

Tips

在步驟2，可以同時撒上糖和開心果或榛果粒，為蝴蝶酥增添香脆口感。

甜點師
技法

揉麵
擀麵

〔做法〕

1　**千層酥皮麵團：**使用此食譜的份量製作千層酥皮麵團（p.177）。但只做4折。

2　最後兩折請在撒滿糖的工作檯面上完成，注意別讓麵團裂開。靜置最多30分鐘。

3　麵團擀成5-6公釐厚，長60公分的長方形。寬度取決於使用的麵團量。用刀子切出齊整的邊緣。

4　麵皮兩端往內折，留出中間約1公分的空隙。

5　再將剛才折起的兩個半面各再折兩次，也可以折四次。

6　兩個半面交疊，成為寬約12公分，厚4公分的棒狀。

7　切成1-1.5公分厚的小段。

8　烤盤塗上奶油，以足夠的間距放上切好的麵團，以免在烘烤時膨脹接觸。稍微分開折痕開放端，做成V形。

~~~~~~

**檢定
當日**　烘烤前的靜置時間請勿超過25分鐘，
以免糖讓麵皮受潮變軟。

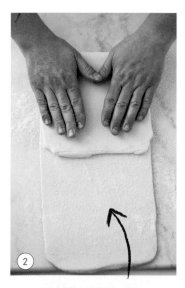

這裡的千層酥皮麵團
是兩折而非六折。

9　　在室溫下靜置約15分鐘。

10　　以200℃（刻度7）預熱烤箱。送入烤箱烘焙25分鐘，

11　　烘烤時間過一半後，幫蝴蝶酥翻面，以便兩面都能烤得金黃。

12　　出烤箱後移到烤架。

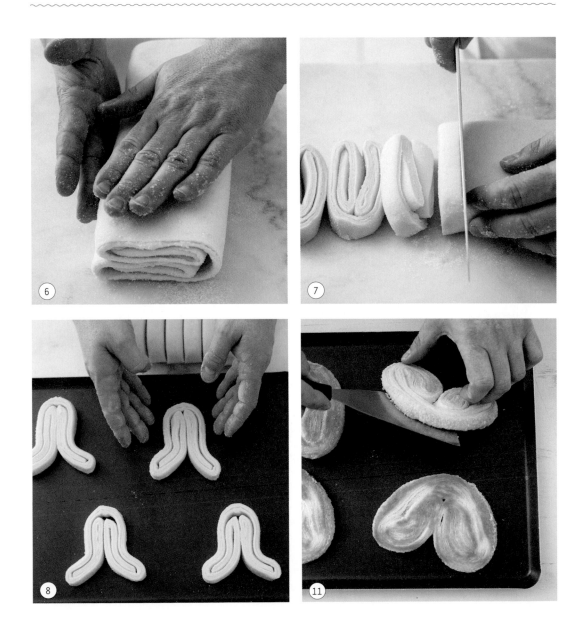

Millefeuille vanille, caramel

香草焦糖千層派

達米安主廚

最愛推薦

〔準備：20分鐘／烘烤：40分鐘／靜置：1小時45分鐘〕

6人份
（直徑18公分）

甜點師技法

揉麵
擀麵
煮醬
填裝擠花袋
擠花

訣竅

Tips

這份食譜採用慕斯林奶油餡，但也可以換成卡士達鮮奶油，做出更加清爽的版本。或是在奶油餡中加入少許柑曼怡（Grand Marnier®）柑橘烈酒。千層派充滿無窮變化的可能。

〔用具〕

+ 有柄平底深鍋
+ 打蛋盆
+ 附揉麵勾和打蛋器的攪拌機
+ 刀子
+ 保鮮膜
+ 塑膠片
+ 擀麵棍
+ 打蛋器
+ 盤子
+ 刮刀
+ 擠花袋
+ 10號平口花嘴
+ 直徑20公分和18公分模圈
+ 水果刀
+ 烤盤
+ 烤架
+ 烘焙紙
+ 濾網
+ 圓形硬紙板

〔基礎應用〕

+ 千層酥皮麵團（p.177）
+ 慕斯林奶油餡（p.236）
+ 卡士達醬（p.232）

〔材料〕

千層酥皮麵團

+ 375克 ⋯⋯⋯⋯⋯ 奶油
+ 250克 ⋯⋯⋯⋯⋯ 水
+ 500克 ⋯⋯⋯⋯⋯ 麵粉
+ 10克 ⋯⋯⋯⋯⋯ 鹽

慕斯林奶油餡

+ 500克 ⋯⋯⋯⋯⋯ 牛奶
+ 1根 ⋯⋯ 香草莢，縱切取籽
+ 60克 ⋯⋯⋯⋯ 細砂糖
+ 2顆 ⋯⋯⋯⋯⋯ 蛋
+ 60克 ⋯⋯⋯⋯ 奶醬粉
+ 150克 ⋯⋯⋯⋯ 奶油

焦糖醬

+ 2克 ⋯⋯⋯⋯⋯ 吉利丁
+ 65克 ⋯⋯⋯⋯ 細砂糖
+ 110克 ⋯⋯⋯⋯ 鮮奶油
+ 9克 ⋯⋯⋯⋯⋯ 葡萄糖
+ 1根 ⋯⋯⋯⋯⋯ 香草莢
+ 24克 ⋯⋯⋯⋯⋯ 蛋黃

組合與完成

+ 糖粉

〔做法〕

1　千層酥皮麵團：製作千層酥皮麵團（p.177）。

2　以180℃（刻度6）預熱烤箱。

3　千層酥皮麵團擀成2公釐厚，70×25公分的長方形麵皮。

4　使用不銹鋼模圈和刀子，切出3片直徑20公分的圓片。

5　烤盤鋪上烘焙紙，放上圓形麵皮。

6　在表面蓋上另一張烘焙紙，壓上兩個烤盤，送入烤箱。

7　烘烤30分鐘後，拿開壓著的烤盤和烘焙紙，在麵皮上撒糖粉。

8　放回烤箱烘烤10分鐘，形成一層焦糖。

9　移到烤架冷卻。用直徑18公分的模圈切出邊緣齊整的圓片。

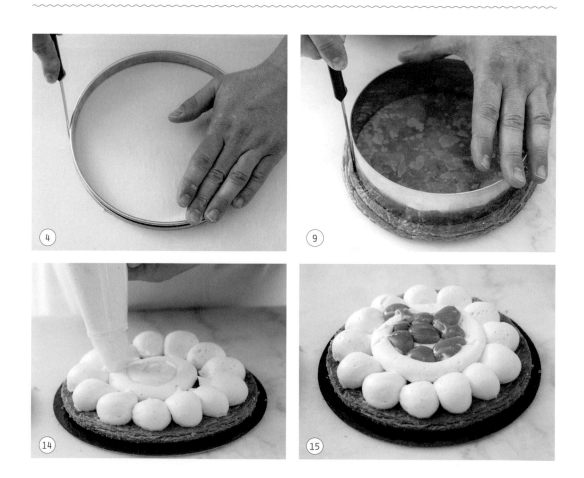

10　慕斯林奶油餡：製作慕斯林奶油餡（p.236），填入裝有10號平口花嘴的擠花袋（p.30），放入冰箱保存。

11　焦糖醬：在一碗冷水中放入吉利丁。把糖乾煮直到形成焦糖。

12　煮沸有柄深鍋中的鮮奶油、葡萄糖和香草籽。

13　加入蛋黃，煮到質地變濃稠，可在攪拌匙上劃出痕跡。加入瀝乾水分的吉利丁，攪拌後放入擠花袋中冷卻備用。

14　組合與完成：慕斯林奶油餡擠花：在千層派皮邊緣擠一圈小圓球，然後以螺旋狀擠滿內部空間。

15　在圓片中央加上少許焦糖醬。

16　放上第二片千層派皮，到處輕壓。

17　重複步驟14，然後放上最後一片千層派皮。

18　利用濾網和圓形硬紙板的邊緣，撒上糖粉，做出新月狀圖案。擠上一小球慕斯林奶油餡做為裝飾，頂端放一顆杏仁。

⑯

⑰

⑱

檢定
當日

唯一必須永遠遵守的原則，就是在最後一刻才擠上餡料，
以便保有千層派的酥脆口感。

Les meringues et appareils meringués

Part 6

蛋白霜餅和蛋白霜基底甜點

Meringue française
variante pralines roses

6 - 1

法式蛋白霜〔玫瑰帕林內變化版〕

〔準備：15分鐘／靜烘烤：1小時30分鐘～3小時〕

定義：混合蛋白和糖打發至質地緊實發亮。

12個大蛋白霜餅或
32個小蛋白霜餅

甜點師
技法
·····
蛋白打到緊實
填裝擠花袋
擠花

〔用具〕

✦ 篩子
✦ 烘焙紙
✦ 附打蛋器的攪拌機
✦ 刮刀
✦ 烤盤
✦ 擠花袋
✦ 星形花嘴

〔材料〕

法式蛋白霜

✦ 200克 ············ 糖粉
✦ 250克 ············ 蛋白
✦ 200克 ············ 細砂糖

玫瑰帕林內變化版

✦ 50克 ············ 玫瑰帕林內

訣竅
Tips

＊可以加入一撮鹽和少許檸檬汁以降低甜度。
＊蛋白霜餅可在密封盒中長期保存。

〔做法〕

1　鋪一張烘焙紙，在上方過篩糖粉，以便得到非常細緻
　　的粉末。

2　開始打發蛋白。

3　漸漸打發之後，分批倒入半量糖，讓質地變得緊實。
　　加入剩下的糖並加速。

4　用刮刀拌入過篩的糖粉。

5 　擠花袋裝上你選擇的花嘴，放入蛋白霜（p.30）。

6 　烤盤鋪上烘焙紙，以手部旋轉的動作，一次擠出數個7-8公分的蛋白霜餅。以90℃（刻度3）預熱烤箱。

7 　**玫瑰帕林內變化版：**弄碎玫瑰帕林內。

8 　在蛋白霜餅表面撒上玫瑰帕林內。

9 　送入烤箱，烘烤1小時30分鐘到3小時，視蛋白霜餅尺寸而定。

建議 *Point*

在烤盤上用蛋白霜擠出幾個小點，然後放上烘焙紙，可避免使用旋風式烤箱烘烤時，烘焙紙移動。

注意別讓蛋白霜塌陷。

TECHNIQUE 看影片學技法

Meringue italienne

6-2

義式蛋白霜

〔準備：20分鐘〕

定義：比法式蛋白霜技術性更高，是打發蛋白和糖漿的成品。

225克
蛋白霜

甜點師
技法
····················
製作糖漿
打發蛋白糖漿混合物
填裝擠花袋

〔用具〕

+ 有柄平底深鍋
+ 烹飪用溫度計
+ 甜點刷
+ 附打蛋器的攪拌機
+ 擠花袋
+ 花嘴

〔材料〕

+ 30克 ·············· 水
+ 150克 ········ 細砂糖
+ 90克 ············ 蛋白

〔應用〕

+ 覆盆子開心果馬卡龍（p.209）
+ 覆盆子聖多諾黑泡芙（p.114）
+ 希布斯特香草奶油餡（p.238）
+ 法式奶油霜（p.243）
+ 蛋白霜檸檬塔（p.73）
+ 藍莓塔（p.85）

訣竅

Tips

·············
可以加入一
撮鹽和少許
檸檬汁以降
低甜度。

檢定
當日

這種蛋白霜蓋上保鮮膜後可在冰箱冷藏保存一段時間，
因此可以先做起來放。

〔做法〕

1 在有柄深鍋中混合水和糖。

2 秤出蛋白重量並放入攪拌缸。

3 開始煮糖漿。

4 達到100℃時，開始高速打發蛋白。

5 煮糖漿至121℃。

6 攪拌機降速，分小批將糖漿倒入打到半發的蛋白中。

7 再度提高攪拌機速度，攪打至蛋白霜冷卻，回到室溫。

8 擠花袋裝上你選擇的花嘴，放入蛋白霜（p.30）。

視需要以甜點刷清理
有柄深鍋的邊壁。

Meringue suisse variante champignons

TECHNIQUE

看影片學技法

6 - 3

瑞士蛋白霜〔蘑菇變化版〕

〔準備：15分鐘／烘烤：2～3小時〕

定義：一開始以隔水加熱方式將蛋白和糖粉打發的成品。

550克
蛋白霜

▶▶
甜點師
技法
‧‧‧‧‧‧‧‧‧
蛋白打到緊實
填裝擠花袋
擠花

〔用具〕

+ 打蛋盆
+ 有柄平底深鍋
+ 打蛋器
+ 刮板
+ 擠花袋
+ 平口花嘴
+ 烤盤
+ 烘焙紙
+ 濾網
+ 刀子

〔材料〕

瑞士蛋白霜

+ 250克 ·················· 蛋白
+ 400克 ·················· 糖粉

蘑菇變化版

+ 30克 ·················· 可可粉

訣竅

Tips

可以在蛋白霜表面放上
堅果碎粒或撒上香料粉，
發揮個人創意。

〔做法〕

1　**瑞士蛋白霜**：有柄深鍋
　　中裝一半的水，放入打
　　蛋盆，在盆內以打蛋器
　　攪打蛋白和糖粉。

2　以隔水加熱方式使內容
　　物達到50℃，並持續攪
　　拌，開始打發蛋白。

3　蛋白糊倒入攪拌缸，攪打至冷卻。

4　**蘑菇變化版：**擠花袋裝上你選擇的花嘴，放入蛋白霜（p.30）。

5　擠出兩種蛋白形狀，數量相同。一種是圓頂狀，另一種則是直徑較小的水滴狀。

6　以90℃（刻度3）預熱烤箱。

7　在圓頂狀蛋白表面以濾網撒上可可粉。

8　送入烤箱，烘焙1小時。

9　用刀尖在圓頂狀蛋白底部劃一道小縫，加上少許生蛋白霜。

10　把圓頂狀蛋白放在水滴狀蛋白上，組合成一朵朵蘑菇，放入烤箱20分鐘完成烘烤。

檢定當日　　測驗一開始即先製作瑞士蛋白霜，因為它需要很長的烘烤時間。

覆盆子開心果馬卡龍

6-4

Macarons framboise pistache

〔準備：45分鐘／烘烤：22分鐘／靜置：30分鐘＋冷卻〕

24個
馬卡龍

甜點師
技法

馬卡龍化
（蛋白霜與粉類混拌）
填裝擠花袋
擠花
結皮
製作炸彈蛋黃霜
製作糖漿

〔用具〕

✦ 有柄平底深鍋
✦ 烹飪用溫度計
✦ 甜點刷
✦ 附打蛋器的攪拌機
✦ 食物調理機（切刀）
✦ 打蛋盆
✦ 刮刀
✦ 烤盤
✦ 烘焙紙
✦ 擠花袋
✦ 平口花嘴

〔基礎應用〕

✦ 義式蛋白霜（p.204）
✦ 法式奶油霜（p.243）

〔材料〕

✦ 24顆 ………… 覆盆子

義式蛋白霜

✦ 78克 ………… 蛋白
✦ 225克 ………… 細砂糖
✦ 60克 ………… 水

麵糊

✦ 225克 ………… 杏仁粉
✦ 225克 ………… 糖粉
✦ 78克 ………… 蛋白
✦ 數滴 ………… 覆盆子紅色素

開心果法式奶油霜

✦ 70克 ………… 水
✦ 200克 ………… 細砂糖
✦ 240克 ………… 奶油
✦ 50克 ………… 蛋
✦ 60克 ………… 蛋黃
✦ 少許 ………… 開心果膏

訣竅
Tips

＊為方便拿起馬卡龍殼，可以在出爐後放入冷凍。
＊放在冰箱24小時後的馬卡龍最為美味。

〔做法〕

1　**義式蛋白霜：** 使用此食譜的份量製作義式蛋白霜（p.204）。

2　**麵糊：** 使用食物調理機，快速強力攪打等量的杏仁粉和糖粉。視需要過篩以獲得非常細緻的粉末。

3　攪打尚未打發的蛋白和色素，最後加入糖粉和杏仁粉。

4　蛋白霜達到50℃後，小心用刮刀分次拌入義式蛋白霜。

5　烤盤鋪上烘焙紙，擠上直徑3-4公分的馬卡龍殼。

6　輕敲烤盤底部，讓馬卡龍麵糊攤平。

7　靜置30分鐘讓馬卡龍結皮。用手指摸一下結皮的馬卡龍，不應有糊料沾到手上。

8　以145℃（刻度5）預熱烤箱。送入烤箱烘烤10到12分鐘。

9　移走烤盤上的烘焙紙和馬卡龍，停止繼續加熱。

10　**開心果法式奶油霜：** 製備開心果法式奶油霜（p.243），填入裝有平口花嘴的擠花袋（p.30）。

這就是馬卡龍化：混拌後的成品必須柔滑有光澤。

建議
Point

＊記得用少許馬卡龍麵糊將烘焙紙黏在烤盤上。

＊早點開始製作馬卡龍殼，為了做出美麗的裙邊，絕對要結皮30分鐘才能放入烤箱。還要算上冷卻的時間，之後才能填餡。

11 組合：在馬卡龍殼的平坦面擠一小球開心果法式奶油霜。

12 在每球開心果法式奶油霜中間放一顆覆盆子。

13 蓋上另一個馬卡龍殼，組合成完整的馬卡龍。

Les
biscuits

Part 7

乳沫類
蛋糕

Biscuit cuillère

7-1

手指餅乾

〔準備：15分鐘／烘烤：15～20分鐘〕

定義：麵糊用於製作輕盈柔軟的乳沫類蛋糕，以蛋白霜為基底。
這種手指餅乾是所有夏洛特蛋糕的主要部分。

500克
乳沫類麵糊

甜點師
技法
⸺⸺⸺⸺⸺
蛋白打到緊實
填裝擠花袋
擠花

〔用具〕

✦ 篩子

✦ 打蛋器

✦ 附打蛋器的攪拌機

✦ 刮刀

✦ 烘焙紙

✦ 原子筆

✦ 高4.5公分的模圈

✦ 刮板

✦ 擠花袋

✦ 10號平口花嘴

✦ 40×60公分烤盤

〔材料〕

✦ 125克 ⋯⋯⋯⋯⋯⋯⋯ 麵粉

✦ 100克 ⋯⋯⋯⋯⋯⋯⋯ 蛋黃

✦ 1根 ⋯⋯ 香草莢，縱切取籽

✦ 150克 ⋯⋯⋯⋯⋯⋯⋯ 蛋白

✦ 125克 ⋯⋯⋯⋯⋯⋯⋯ 細砂糖

✦ 糖粉

〔基礎應用〕

✦ 焦糖洋梨夏洛特（p.269）

✦ 草莓園蛋糕（p.273）

訣竅
Tips

蛋白霜加入糖後不要打到硬性發泡，
質地仍應維持鬆軟。

〔做法〕

1   以190℃（刻度6-7）預熱烤箱。

2   麵粉過篩。以打蛋器打散蛋黃和香草籽。

3   使用裝上打蛋器的攪拌機，在攪拌缸中打發蛋白呈綿密霜狀，然後分批倒入細砂糖，繼續打至緊實。

4   利用刮刀將打勻的蛋黃拌入蛋白霜中。

5   輕柔拌入篩好的麵粉。

6   製作乳沫類蛋糕擠花用的紙模：在烘焙紙上用模圈4.5公分高的邊做出記號，再用尺沿記號畫出一條條直線，也可以用與模圈大小相當的模具做記號。將烘焙紙翻到背面備用。

擠出一點乳沫類麵糊，
將烘焙紙黏在烤盤上。

7 麵糊填入裝有10號平口花嘴的
擠花袋（p.30）。

8 烤盤鋪上烘焙紙，在紙上的直
線之間擠出條狀麵糊。

9 用濾網撒上兩次糖粉。

10 送入烤箱烘烤12到15分鐘。

檢定
當日　用麵糊沾在烘焙紙四個角落，將其固定在烤盤上，
避免烘焙紙在烘烤期間於旋風式烤箱中移動。

Génoise

7 - 2

全蛋海綿蛋糕

〔準備：30分鐘／烘烤：30分鐘〕

定義：鬆軟輕盈的乳沫類蛋糕，是許多蛋糕的基底。

1個直徑20公分
海綿蛋糕

甜點師
技法

模具防沾

〔用具〕

✦ 打蛋器

✦ 打蛋盆

✦ 有柄平底深鍋

✦ 烹飪用溫度計

✦ 附打蛋器的攪拌機

✦ 篩子

✦ 烘焙紙

✦ 刮刀

✦ 直徑20公分不銹鋼模圈

✦ 烤盤

✦ 水果刀

✦ 烤架

〔材料〕

✦ 4顆 ──────────── 蛋

✦ 125克 ──────────── 細砂糖

✦ 125克 ──────────── 麵粉

訣竅

Tips

＊可以用香料或柑橘類水果皮末為全蛋海綿蛋糕增添風味。

＊若要製作巧克力全蛋海綿蛋糕，將20%的麵粉以苦甜可可粉取代。

〔做法〕

1　以190℃（刻度6-7）預熱烤箱。

2　**模圈防沾：**以奶油塗覆模圈內部並撒上麵粉。

3　在打蛋盆中，使用打蛋器打散蛋和糖。

4　以隔水方式加熱上述混合物，期間不停攪拌。

5　達到約50℃之後停止加熱。

6 使用裝上打蛋器的攪拌機，將上述混合物倒入攪拌缸中，攪拌至冷卻。

7 在鋪好的烘焙紙上過篩麵粉，加入混合物中，以刮刀輕柔拌勻。

8 烤盤鋪上烘焙紙，放上模圈，倒入全蛋海綿蛋糕麵糊。

9 送入烤箱烘烤約30分鐘。

10 趁海綿蛋糕依然溫熱，用水果刀插入模圈與蛋糕之間轉一圈，在烤架上脫模。

乳沫類蛋糕麵糊必須能夠形成有光澤的緞帶狀。

檢定當日

＊全蛋海綿蛋糕要等完全冷卻才能分切，請提早製作。

＊也可以使用電動打蛋器製作全蛋海綿蛋糕，使用噴槍稍微加熱打蛋盆下方，以此取代隔水加熱。

Biscuit Sacher

7 - 3

沙河蛋糕

〔準備：25分鐘／烘烤：25分鐘〕

定義：使用杏仁粉製作的巧克力海綿蛋糕，原先是用於製作sachertorte
（奧地利沙河蛋糕）。但也可以做為各種多層次蛋糕的基底。

2個直徑16公分
海綿蛋糕

甜點師
技法

蛋白打到緊實
模具防沾

〔用具〕

✦ 刀子
✦ 附葉片和打蛋器的攪
  拌機
✦ 篩子
✦ 烘焙紙
✦ 打蛋盆
✦ 刮刀
✦ 刮板
✦ 2個直徑16公分模圈
✦ 烤盤
✦ 烤架

〔材料〕

✦ 200克	50%杏仁膏
✦ 50克＋75克	細砂糖
✦ 100克	蛋
✦ 125克	蛋黃
✦ 60克	可可粉
✦ 60克	麵粉
✦ 180克	蛋白
✦ 60克	融化奶油

〔應用〕

✦ 三重巧克力蛋糕（p.261）
✦ 皇家巧克力蛋糕（p.277）
✦ 黑森林蛋糕（p.281）

檢定
當日

拌入蛋白霜時別讓麵糊太過塌陷，
如此才能保有蛋糕鬆軟的口感。

〔做法〕

1 杏仁膏切成小塊。放入微波爐加熱，使其稍微變軟。

2 使用裝上葉片的攪拌機，放進杏仁膏與50克細砂糖，攪拌至質地均勻。

3 加入打散的全蛋和蛋黃。

4 拆下葉片，裝上打蛋器。加快攪拌機速度，攪打至呈現有光澤的緞帶狀。

5 在鋪好的烘焙紙上過篩麵粉和可可粉。

6 打發蛋白，分批倒入剩下的75克糖，繼續打到緊實。

7 使用刮刀將蛋白霜拌入上述杏仁膏糊中。

8　輕柔拌入麵粉-可可粉混合物。以175℃（刻度6）預熱烤箱。

9　加入融化奶油並拌勻。

10　模圈塗上奶油，放在已鋪烘焙紙的烤盤上，倒入麵糊。

11　送入烤箱烘烤約25分鐘。移到烤架上備用。

⑨

⑩

訣竅
Tips

沙河蛋糕可以冷凍保存，
對於專業師傅來說非常方便。

Dacquoise amande

7-4

杏仁達克瓦茲

TECHNIQUE

看影片學技法

〔準備：25分鐘／烘烤：20分鐘〕

定義：以蛋白霜和堅果粉為基礎製作的麵糊，此處使用杏仁粉。

1個直徑20公分
達克瓦茲

甜點師
技法

蛋白打到緊實
填裝擠花袋
擠花

〔用具〕

✦ 篩子

✦ 烘焙紙

✦ 附打蛋器的攪拌機

✦ 刮刀

✦ 擠花袋

✦ 8號平口花嘴

✦ 直徑20公分不銹鋼模圈

✦ 原子筆

〔材料〕

✦ 75克 糖粉

✦ 15克 麵粉

✦ 60克 杏仁粉

✦ 75克 蛋白

✦ 75克 細砂糖

✦ 25克 杏仁片

〔應用〕

✦ 覆盆子蛋糕（p.285）

訣竅

Tips

這種乳沫類蛋糕以保鮮膜包起並放入冷凍庫，
可以保存良好。

〔做法〕

1　以160℃（刻度5-6）預熱烤箱。

2　在鋪好的烘焙紙上過篩糖粉、麵粉和杏仁粉，篩出非常細緻的粉末。

3　使用裝上打蛋器的攪拌機，開始打發蛋白，然後分批加入細砂糖，繼續將蛋白霜打到緊實。

4　使用刮刀，將篩好的粉類混合物拌入蛋白霜中。在裝有8號平口花嘴的擠花袋中填入達克瓦茲麵糊。

5　製作達克瓦茲擠花用的紙模（p.214）：在烘焙紙上用直徑20公分的不銹鋼模圈，沿著邊緣以原子筆畫出輪廓。將烘焙紙翻到背面備用。

6   以螺旋狀將達克瓦茲麵糊擠在紙模上。

7   撒上杏仁片。

8   送入烤箱以旋風模式烘烤約20分鐘。

檢定
當日

＊從烤箱取出後，從烤盤取下達克瓦茲，避免繼續加熱，以保留其濕潤口感。

＊如果烤過頭，請用淡糖漿沾濕蛋糕。

Succès amande

7 - 5

勝利杏仁蛋白脆餅

〔準備：20分鐘／烘烤：15分鐘〕

定義：酥脆的蛋白餅，具有濃郁的杏仁風味。

2個直徑16公分
蛋白餅

甜點師
技法

蛋白打到緊實
填裝擠花袋
擠花

〔用具〕

+ 篩子
+ 附打蛋器的攪拌機
+ 烘焙紙
+ 刮刀
+ 擠花袋
+ 10號平口花嘴
+ 烤盤
+ 直徑16公分不銹鋼模圈

〔材料〕

+ 150克 ⋯⋯⋯⋯⋯ 糖粉
+ 25克 ⋯⋯⋯⋯⋯ 澱粉
+ 150克 ⋯⋯⋯⋯⋯ 杏仁粉
+ 130克 ⋯⋯⋯⋯⋯ 蛋白
+ 20克 ⋯⋯⋯⋯⋯ 細砂糖

〔應用〕

+ 紅灩莓果鏡面蛋糕（p.265）

訣竅
Tips

可以根據使用蛋白脆餅的多層次蛋糕需求，以榛果粉或開心果粉變換不同口味。
也可以在蛋白餅麵糊表面撒上堅果碎粒，烘烤後更添香脆口感。

檢定
當日

用麵糊沾在烘焙紙四個角落，將其固定在烤盤上，
避免烘焙紙在烘烤期間於旋風式烤箱中移動。

〔做法〕

1　在烘焙紙上過篩糖粉、澱粉和杏仁粉。

2　使用裝上打蛋器的攪拌機，開始打發蛋白，然後分批加入細砂糖，繼續將蛋白霜打到緊實。

3　使用刮刀，將篩好的粉類混合物輕柔拌入蛋白霜中。

4　在裝有10號平口花嘴的擠花袋中填入勝利蛋白餅麵糊（p.30）。

5　製作麵糊擠花用的紙模（p.214）：在烘焙紙上用直徑16公分的不銹鋼模圈，沿著邊緣以原子筆畫出輪廓。以180℃（刻度6）預熱烤箱。

6　以螺旋狀擠出兩個圓形。

7　送入烤箱烘烤15分鐘。

Les crèmes

Part 8

蛋奶醬

Crème
Chantilly mascarpone

〔 8-1 〕

馬斯卡彭香堤伊鮮奶油

〔 準備：15分鐘 〕

定義：香草風味的甜打發鮮奶油。

50克
鮮奶油霜

甜點師
技法
—
打發鮮奶油

〔用具〕

✦ 附打蛋器的攪拌機
✦ 刮刀

〔應用〕

✦ 覆盆子香堤伊泡芙（p.95）
✦ 草莓香堤伊鮮奶油塔（p.81）
✦ 黑森林蛋糕（p.281）

〔材料〕

牛奶麵包麵團

✦ 310克 …… 全脂液態鮮奶油
✦ 190克 …… 馬斯卡彭乳酪
✦ 2根 …… 香草莢，縱切取籽
✦ 40克 …… 糖粉

你知道嗎？

馬斯卡彭香堤伊鮮奶油是甜點師經常使用的鮮奶油版本，質地與口感非常完美。但你也可以僅使用液態鮮奶油，不過乳脂最少要在30%以上，且必須在冰涼時操作。

如果只要製作單純的鮮奶油霜，只要不加糖和香草即可。

可以使用巧克力為香堤
伊鮮奶油增添風味。

〔做法〕

1　馬斯卡彭香堤伊鮮奶油：攪拌機裝上打蛋器，在
　　攪拌缸中放入非常冰涼的液態鮮奶油、馬斯卡彭
　　乳酪和香草籽。

2　開始攪拌以打發鮮奶油。

3　打到呈慕斯狀之後，加入糖粉。

4　繼續攪拌至香堤伊奶油打發。

5　放入冰箱保存。

檢定
當日

攪拌缸先放入冷凍庫10分鐘，
使其變得十分冰涼，有助鮮奶油打發。

Crème pâtissière

〔 8 - 2 〕

卡士達醬

〔準備：25分鐘／烹調：10分鐘〕

定義：濃稠滑順的蛋奶醬，由蛋黃與糖構成，傳統上會加入香草增添風味。

650克
卡士達醬

甜點師
技法
糊料打到發白
煮奶醬

〔用具〕

+ 有柄平底深鍋
+ 打蛋盆
+ 打蛋器
+ 盤子
+ 保鮮膜

〔材料〕

+ 500克 ———— 全脂牛奶
+ 1根 —— 香草莢，縱切取籽
+ 50克 ————————— 細砂糖
+ 100克 ————————— 蛋黃
+ 45克 ————————— 奶醬粉

〔應用〕

+ 卡士達鮮奶油（p.234）
+ 希布斯特香草奶油餡（p.238）
+ 慕斯林奶油餡（p.236）
+ 莎隆堡泡芙（p.111）
+ 巧克力修女泡芙（p.102）
+ 香草焦糖千層派（p.197）
+ 覆盆子聖多諾黑泡芙（p.114）
+ 巴黎布雷斯特泡芙（p.107）
+ 開心果閃電泡芙（p.99）
+ 葡萄乾麵包（p.129）
+ 覆盆子蛋糕（p.285）

訣竅

Tips

可以在卡士達醬中加入一小撮鹽，讓滋味更加甜美。半量的糖放入牛奶中，不要攪拌。這樣的混合物可以形成一層糖漿，避免牛奶黏在鍋底。

〔做法〕

1　鍋中放入牛奶、香草籽和香草莢及半量的糖，加熱。

2　在打蛋盆中攪打蛋黃與剩下的細砂糖至發白。加入奶醬粉，再次攪拌。

3　牛奶沸騰後，一部分倒入打至發白的蛋糖糊中，攪拌均勻。

4　再將步驟3的材料倒回鍋中。

5　小火加熱4分鐘，期間不斷攪拌。

6　取一個大盤，在盤底鋪上保鮮膜，倒入卡士達醬冷卻。

7　緊貼卡士達醬表面鋪上一張保鮮膜，放入冷凍庫或冷凍櫃冷卻。

檢定
當日

基於衛生緣故，
務必將卡士達醬放入冷凍櫃冷卻。

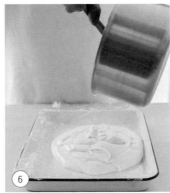

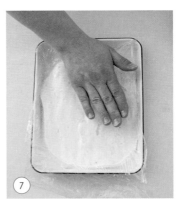

Crème diplomate

8 - 3

卡士達鮮奶油

〔準備：35分鐘／烹煮：10分鐘／靜置：冷藏1小時，冷凍10分鐘〕

定義：滑順的奶醬餡，由加入吉利丁的卡士達醬和打發鮮奶油組成。

850克卡士達
鮮奶油

甜點師
技法

糊料打到發白
打發鮮奶油
煮奶醬

〔用具〕

+ 有柄平底深鍋
+ 打蛋盆
+ 打蛋器
+ 盤子
+ 保鮮膜
+ 附打蛋器的攪拌機
+ 刮板
+ 刮刀

〔應用〕

+ 覆盆子蛋糕（p.285）

〔材料〕

+ 6克 ⋯⋯⋯⋯⋯⋯⋯ 吉利丁

卡士達醬

+ 350克 ⋯⋯⋯⋯⋯⋯ 牛奶
+ 1根 ⋯⋯ 香草莢，縱切取籽
+ 50克 ⋯⋯⋯⋯⋯⋯ 細砂糖
+ 60克 ⋯⋯⋯⋯⋯⋯⋯ 蛋黃
+ 35克 ⋯⋯⋯⋯⋯⋯ 奶醬粉

打發鮮奶油

+ 380克 ⋯⋯⋯⋯ 液態鮮奶油

訣竅

Tips

攪拌缸和液態鮮奶油先放入冷凍庫幾分鐘，使其非常冰冷，有助打發鮮奶油。
可以使用25克Mycryo®可可脂粉取代吉利丁。

檢定
當日

必須等到卡士達醬冷卻，才能拌入打發鮮奶油。
因此請盡快製作卡士達醬並讓它冷卻。

〔做法〕

1   吉利丁泡入一碗冷水中。

2   卡士達醬:使用此食譜的份量製作卡士達醬(p.232)。

3   吉利丁擠掉水分,加入卡士達醬中混合均勻。

4   盤子鋪上一層保鮮膜,倒入上述奶醬,緊貼奶醬表面鋪上一張保鮮膜。
     放入冷凍庫20分鐘。

5   打發鮮奶油:使用裝有打蛋器的攪拌機打發液態鮮奶油。

6   卡士達醬放入打蛋盆中,攪打至柔滑。

7   以刮刀輕柔拌入打發鮮奶油。

Crème mousseline

8-4

慕斯林奶油餡

TECHNIQUE

看影片學技法

〔準備：35分鐘／烹調：10分鐘／靜置：冷藏1小時或冷凍10分鐘〕

定義：加入奶油或奶油霜的卡士達醬。

600克慕斯林
奶油餡

甜點師
技法

糊料打到發白
煮奶醬
霜化奶油

〔用具〕

◆ 有柄平底深鍋
◆ 打蛋盆
◆ 打蛋器
◆ 盤子
◆ 保鮮膜
◆ 附打蛋器的攪拌機
◆ 刮刀

〔應用〕

◆ 香草焦糖千層派（p.197）
◆ 草莓園蛋糕（p.273）

〔材料〕

◆ 150克 ·················· 奶油

卡士達醬

◆ 350克 ·················· 牛奶
◆ 1根 ······ 香草莢，縱切取籽
◆ 50克 ·················· 細砂糖
◆ 60克 ·················· 蛋黃
◆ 35克 ·················· 奶醬粉

訣竅
Tips

利用室溫奶油
較容易霜化。

檢定
當日

請注意，卡士達醬必須十分冰冷，
才能與霜化奶油攪拌。

〔做法〕

1　使用此食譜的份量製作卡士達醬（p.232）。

2　卡士達醬倒入盤中，緊貼奶醬表面鋪上一張保鮮膜。放入冷凍庫20分鐘。

3　攪打奶油使其成為霜狀。

4　攪拌機裝上打蛋器，攪拌缸中放入卡士達醬攪打至柔滑。

5　分批加入奶油並混拌均勻。

Crème Chiboust vanille

〔8-5〕

希布斯特香草奶油餡

〔準備：45分鐘／烹調：10分鐘〕

定義：加入吉利丁的卡士達醬，再以義式蛋白霜增添濃郁口感。

350克
奶油餡

甜點師技法

打發
攪打至變白
煮奶醬
熬糖（p.302）

〔用具〕

✦ 碗
✦ 有柄平底深鍋
✦ 打蛋盆
✦ 打蛋器
✦ 盤子
✦ 保鮮膜
✦ 烹調用溫度計
✦ 甜點刷
✦ 附打蛋器的攪拌機

〔應用〕

✦ 覆盆子聖多諾黑泡芙（p.114）

〔材料〕

✦ 4克 ·········· 吉利丁

卡士達醬

✦ 125克 ·········· 牛奶
✦ 1根 ······ 香草莢，縱切取籽
✦ 33克 ·········· 細砂糖
✦ 60克 ·········· 蛋黃
✦ 10克 ·········· 奶醬粉

義式蛋白霜

✦ 35克 ·········· 水
✦ 110克 ·········· 細砂糖
✦ 75克 ·········· 蛋白

訣竅
Tips

加入一小撮鹽可以突顯
卡士達醬的香甜。

檢定
當日

卡士達醬必須在仍舊溫熱時
與義式蛋白霜混拌。

〔做法〕

1　　吉利丁泡入一碗非常冰冷的水中。

2　　卡士達醬：使用此食譜的份量製作
　　　卡士達醬（p.232）。

3　　吉利丁擠掉水分，加入仍然溫熱的
　　　卡士達醬中。

4　　卡士達醬倒入盤中，緊貼卡士達醬
　　　表面鋪上一張保鮮膜。置於室溫下
　　　備用。

5　　義式蛋白霜：製作義式蛋白霜
　　　（p.204）。

6　　依然溫熱（最高45℃）的蛋白霜加
　　　入溫熱的卡士達醬中。

7　　立刻使用。

Crème à flan

8 - 6

布丁蛋奶醬

〔準備：20分鐘／烹調：10分鐘／靜置：30分鐘〕

定義：凝固的香草風味蛋奶醬，用來製作布丁。

850克
蛋奶醬

甜點師
技法

糊料打到發白
煮奶醬

〔用具〕

✦ 有柄平底深鍋
✦ 打蛋盆
✦ 打蛋器
✦ 刮刀

〔應用〕

✦ 法式布丁塔（p.55）

〔材料〕

✦ 500克 ·············· 全脂牛奶
✦ 125克 ·············· 液態鮮奶油
✦ 80克 ·············· 細砂糖
✦ 3根 ······ 香草莢，縱切取籽
✦ 100克 ·············· 蛋黃
✦ 50克 ·············· 奶醬粉
✦ 50克 ·············· 半鹽奶油

檢定
當日

嚴格遵守靜置時間，
蛋奶醬才能更加滑順濃郁美味。

〔做法〕

1　布丁蛋奶醬：在鍋中加熱牛奶、鮮奶油、半量的糖和香草籽。

2　同時間，用打蛋器將蛋黃和另外一半的糖攪打至發白。

3　加入奶醬粉，攪打至混合均勻。

4　液體沸騰後，部分熱燙液體倒入蛋黃糊料中，以打蛋器攪拌均勻。

5 步驟4材料全部倒回鍋中，繼續加熱1分鐘，期間不停攪拌，直到變成卡士達醬的質地。

6 離火後加入冰冷的奶油。

7 置於室溫30分鐘後才能使用。

5　調高速度，繼續以高速攪打，直到冷卻。

6　炸彈蛋黃霜開始冷卻後，漸漸降低速度，以免糊料塌陷。

7　降到29℃時，分批加入切成小塊的奶油。

8　攪拌法式奶油霜，使其變得柔滑。

9　置於冰箱保存。

Crème anglaise

8-8

英式蛋奶醬

〔準備：10分鐘／烹調：10分鐘〕

定義：使用蛋黃、糖、牛奶和香草製作的黏稠奶醬。

500克
蛋奶醬

甜點師
技法

糊料打到發白
煮奶醬
煮到濃稠

〔用具〕

+ 有柄平底深鍋
+ 打蛋器
+ 打蛋盆
+ 刮刀
+ 烹調用溫度計
+ 錐形濾網

〔應用〕

+ 巴巴露亞蛋奶醬（p.248）
+ 三重巧克力蛋糕（p.261）

〔材料〕

+ 400克 ················ 牛奶
+ 100克 ················ 細砂糖
+ 100克 ················ 蛋黃
+ 2根 ······ 香草莢，縱切取籽

〔做法〕

1　在鍋中加熱牛奶、半量細砂糖和縱切取籽的香草莢。

2　取一個打蛋盆，攪打蛋黃和剩下半量的糖至發白。

①

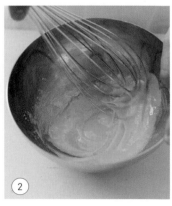

②

3 牛奶沸騰後，將半量牛奶倒入打至
　　發白的蛋糖糊，期間不斷攪拌。

4 步驟3的材料倒回鍋中，放回火上
　　繼續加熱，以8字形用力攪拌。

5 控制烹調狀態，蛋奶醬必須達到
　　85℃（至可裹覆攪拌匙的程度），
　　並擁有一定的黏稠度。

6 以圓錐形濾網過濾。

④

⑤

⑥

檢定
當日

基於衛生理由，
考試時最好以溫度計控制烹調火候。

Crème bavaroise

8 - 9

巴巴露亞蛋奶醬

〔準備：25分鐘／烹調：10分鐘〕

定義：以加了吉利丁的英式蛋奶醬為基底，再以打發鮮奶油稀釋的蛋奶醬。

500克
蛋奶醬

甜點師
技法

糊料打到發白
打發鮮奶油
煮到濃稠

〔用具〕

+ 碗
+ 有柄平底深鍋
+ 打蛋器
+ 打蛋盆
+ 刮刀
+ 烹調用溫度計
+ 錐形濾網
+ 冰塊
+ 附打蛋器的攪拌機
+ 刮板

〔材料〕

+ 10克 ⋯⋯⋯⋯⋯⋯⋯ 吉利丁
+ 350克 ⋯ 乳脂30%的鮮奶油

英式蛋奶醬

+ 400克 ⋯⋯⋯⋯⋯⋯⋯ 牛奶
+ 100克 ⋯⋯⋯⋯⋯⋯⋯ 細砂糖
+ 100克 ⋯⋯⋯⋯⋯⋯⋯ 蛋黃
+ 2根 ⋯⋯⋯ 香草莢，縱切取籽

〔應用〕

+ 焦糖洋梨夏洛特（p.269）

訣竅
Tips

如果巴巴露亞蛋奶醬煮過頭，
可以加入50克冰冷液態鮮奶油拌勻。

檢定
當日

最好使用冷水加冰塊，再放入容器以冷卻蛋奶醬。
因為放入冷凍庫，之後很可能會忘記。

〔做法〕

1　取一碗冷水泡入吉利丁。

2　英式蛋奶醬：製作英式蛋奶醬（p.246）

3　加入擠乾水分的吉利丁。容器放入冰塊以快速冷卻。

4　打發鮮奶油：使用裝有打蛋器的攪拌機打發液態鮮奶油，直到質地蓬鬆柔軟。

5　等英式蛋奶醬降到22-23℃之後，拌入部分打發鮮奶油。

6　混拌至均勻柔順，再加入剩下的打發鮮奶油。

Crème d'amande

〔8-10〕

杏仁奶油餡

〔準備：10分鐘〕

定義：以奶油和杏仁製作的醇厚餡料。

220克
奶油餡

甜點師
技法

霜化奶油

〔用具〕

✦ 打蛋盆
✦ 打蛋器

〔應用〕

✦ 覆盆子杏仁塔（p.55）
✦ 布達魯耶洋梨塔（p.69）
✦ 達圖瓦派（p.185）
✦ 皇冠杏仁派（p.189）

〔材料〕

✦ 65克 ⋯⋯⋯⋯⋯⋯⋯ 奶油
✦ 35克 ⋯⋯⋯⋯⋯⋯⋯ 細砂糖
✦ 半根 ⋯⋯ 香草莢，縱切取籽
✦ 50克 ⋯⋯⋯⋯⋯⋯⋯⋯ 蛋
✦ 65克 ⋯⋯⋯⋯⋯⋯⋯ 杏仁粉
✦ 5克 ⋯⋯⋯⋯⋯⋯⋯⋯ 麵粉
✦ 5克 ⋯⋯⋯⋯⋯⋯⋯ 蘭姆酒

訣竅

Tips

可以使用喜歡的香料、萃取物、烈酒或柑橘類水果皮碎，為餡料增添風味。
也可以加入30%的冰涼卡士達醬，做成卡士達杏仁奶油餡。

檢定當日

這種餡料製作非常容易，
使用裝上葉片的攪拌機即可做出完美效果。

〔做法〕

1　以打蛋器攪拌奶油使其霜化，做成軟化奶油。

2　加入糖和香 草籽，以打蛋器拌勻。

3　加入蛋液，以打蛋器攪拌。

4　拌入杏仁粉和麵粉。

5　倒入蘭姆酒，再次混拌，保存備用。

Mousse aux fruits rouges

8-11

莓果慕斯

〔準備：20分鐘〕

定義：加入吉利丁和莓果泥的打發鮮奶油。

700克
慕斯

甜點師
技法

打發鮮奶油

〔用具〕

✦ 碗
✦ 打蛋器
✦ 打蛋盆
✦ 有柄平底深鍋
✦ 烹調用溫度計
✦ 附打蛋器的攪拌機
✦ 刮板

〔應用〕

✦ 紅灩莓果鏡面蛋糕（p.265）

〔材料〕

✦ 8克 ⋯⋯⋯⋯⋯ 吉利丁
✦ 30克 ⋯⋯⋯⋯⋯ 糖粉
✦ 300克 ⋯⋯ 黑醋栗草莓果泥
✦ 300克 ⋯⋯ 冰涼液態鮮奶油
✦ 100克 ⋯⋯ 馬斯卡彭乳酪

訣竅
Tips

使用喜歡的果肉泥製作美味的多層次蛋糕和夏洛特甜點。
不論製作何種水果口味的巴巴露亞甜點，方法都是一樣的。

檢定
當日

別太晚製作水果慕斯，
吉利丁需要一段時間才能發揮凝固作用。

〔做法〕

1　取一碗非常冰涼的水泡入吉利丁片。

2　混合糖粉和果泥。

3　以隔水加熱法加溫至23℃。

4　吉利丁擠乾水分，放入果泥中拌勻。

5　使用裝上打蛋器的攪拌機，打發非常冰涼的鮮奶油和馬斯卡彭乳酪。

6　果泥混合物降至23℃後，拌入步驟5製作的部分打發鮮奶油。

7　使用刮板輕柔拌入剩下的打發鮮奶油，再次混拌均勻。

Mousse au chocolat, méthode pâte à bombe

8-12

巧克力慕斯〔炸彈蛋黃霜法〕

〔準備：30分鐘／烹調：10分鐘／靜置：冷卻〕

定義：以加入吉利丁的打發鮮奶油為基底，
拌入炸彈蛋黃霜（蛋黃和糖漿）所製作的巧克力慕斯。

700克
慕斯

甜點師
技法

打發鮮奶油
製作糖漿
（p.28）
製作炸彈蛋黃霜

〔用具〕

+ 刀子
+ 有柄平底深鍋
+ 打蛋盆
+ 打蛋器
+ 刮刀
+ 附打蛋器的攪拌機
+ 烹調用溫度計

〔應用〕

+ 皇家巧克力蛋糕（p.277）

〔材料〕

炸彈蛋黃霜

+ 40克 ……………… 細砂糖
+ 10克 …………………… 水
+ 20克 ……………… 葡萄糖漿
+ 110克 ………………… 蛋黃

巧克力甘納許

+ 60克 ……… 液態鮮奶油
+ 190克 …… 調溫苦甜巧克力

打發鮮奶油

+ 320克 …… 冰涼液態鮮奶油

訣竅
Tips

可在加熱液態鮮奶油時，放入東加豆、香草莢
或新鮮薄荷浸泡一段時間，為液態鮮奶油增添香氣。

**檢定
當日**

製作炸彈蛋黃霜時請格外細心，
因為少量製作並不容易。

〔做法〕

1　炸彈蛋黃霜：在鍋中加入水、糖和葡萄糖一起加熱。

2　使用裝上打蛋器的攪拌機，以中速攪打蛋黃。

3　糖漿達到121℃之後，調慢攪拌機速度，以絲線狀將糖漿倒入蛋黃中。

4　提高速度，繼續快速攪打幾分鐘。

5　炸彈蛋黃霜開始冷卻之後即可漸漸調降速度，以免讓混合糊料塌陷。

6　巧克力甘納許：切碎調溫巧克力。

7　在鍋中加熱液態鮮奶油至沸騰。

8　在切碎的調溫巧克力上倒入熱鮮奶油，等待1分鐘使其稍微融化，然後攪拌均勻。

9　打發鮮奶油：使用裝上打蛋器的攪拌機，打發非常冰涼的液態鮮奶油，直到蓬鬆。

10　在打發鮮奶油中拌入巧克力甘納許。

11　在步驟10的巧克力香堤伊中，加入炸彈蛋黃霜。

Ganache chocolat

〔 8-13 〕

巧克力甘納許

〔準備：10分鐘／烹調：5分鐘〕

定義：柔滑融口的濃郁巧克力醬。

350克
甘納許

〔用具〕

◆ 有柄平底深鍋
◆ 打蛋盆
◆ 刮刀

〔應用〕

◆ 巧克力塔（p.77）
◆ 巧克力修女泡芙（p.102）

〔材料〕

◆ 190克 ⋯⋯⋯⋯⋯ 液態鮮奶油
◆ 20克 ⋯⋯⋯⋯⋯ 葡萄糖漿
◆ 150克 ⋯⋯ 可可脂含量70%的調溫苦甜巧克力
◆ 25克 ⋯⋯⋯⋯⋯⋯ 半鹽奶油

訣竅
Tips

如果在家製作時沒有葡萄糖可用，可使用蜂蜜取代。專業師傅使用葡萄糖是為了增加成品光澤、質地滑順度，同時避免甘納許太快變乾。

檢定當日

甘納許的製作十分容易！
可以用果汁機攪拌（小心不要拌入空氣），即可得到完美的質地。

〔做法〕

1　鍋中放入液態鮮奶油和葡萄糖煮沸。

2　上述混合物倒在切碎的調溫苦甜巧克力上。

3　以刮刀混拌均勻。

4　奶油切丁，拌入上述混合物，攪拌至呈現有光澤的絲緞狀。

Les
entremets

Part 9

多層次
蛋糕

Entremets trois chocolats

9-1

三重巧克力蛋糕

1個直徑20公分
多層次蛋糕

〔準備：1小時30分鐘／烹調：35分鐘／靜置：1小時〕

〔用具〕

- 附葉片和打蛋器的
  攪拌機
- 濾網
- 烘焙紙
- 打蛋盆
- 刮刀
- 刮板

- 1個直徑20公分、
  高4.5公分模圈
- 烤盤
- 烤架
- 有柄平底深鍋
- 打蛋器
- 烹調用溫度計
- 錐形濾網

- 碗
- 蛋糕圍邊
- 塑膠片
- 鋸齒刀
- 篩子
- 圓形硬紙板
- 曲柄抹刀

甜點師
技法

蛋白打到緊實
煮奶醬
煮到濃稠
模具防沾

〔材料〕

沙河蛋糕

- 100克 ⋯⋯ 50%杏仁膏
- 25克 ⋯⋯⋯⋯⋯ 細砂糖
- 50克 ⋯⋯⋯⋯⋯⋯⋯ 蛋
- 65克 ⋯⋯⋯⋯⋯⋯ 蛋黃
- 35克 ⋯⋯⋯⋯⋯ 細砂糖
- 30克 ⋯⋯⋯⋯⋯ 可可粉
- 90克 ⋯⋯⋯⋯⋯⋯ 蛋白
- 30克 ⋯⋯⋯⋯⋯⋯ 麵粉
- 30克 ⋯⋯⋯⋯ 融化奶油

英式蛋奶醬

- 125克 ⋯⋯⋯⋯⋯⋯ 牛奶
- 25克 ⋯⋯⋯⋯⋯ 細砂糖
- 65克 ⋯⋯⋯⋯⋯⋯ 蛋黃

白巧克力

- 4克 ⋯⋯⋯⋯⋯⋯⋯ 吉利丁
- 36克 ⋯⋯⋯ 調溫白巧克力
- 75克 ⋯ 英式蛋奶醬（如上）
- 80克 ⋯⋯⋯⋯ 液態鮮奶油

牛奶巧克力

- 4克 ⋯⋯⋯⋯⋯⋯⋯ 吉利丁
- 36克 ⋯⋯⋯ 調溫牛奶巧克力
- 75克 ⋯ 英式蛋奶醬（如上）
- 80克 ⋯⋯⋯⋯ 液態鮮奶油

黑巧克力

- 3克 ⋯⋯⋯⋯⋯⋯⋯ 吉利丁
- 36克 ⋯⋯⋯ 調溫黑巧克力
- 75克 ⋯ 英式蛋奶醬（如上）
- 80克 ⋯⋯⋯⋯ 液態鮮奶油

完成

- 10克 ⋯⋯⋯⋯⋯⋯⋯ 可可粉
- 100克 ⋯ 無色透明鏡面果膠
- 巧克力裝飾（p.290）

〔基礎應用〕

- 沙河蛋糕（p.220）
- 英式蛋奶醬（p.246）

〔做法〕

1　**沙河蛋糕**：使用此食譜的份量和直徑16公分的模圈製作沙河蛋糕（p.220）。

2　**英式蛋奶醬**：使用此食譜的份量製作英式蛋奶醬（參閱p.246）。

3　**白巧克力、牛奶巧克力和黑巧克力**：取一碗非常冰涼的水泡入吉利丁。

4　先從製作白巧克力開始：使用配備打蛋器的攪拌機打發液態鮮奶油，直到蓬鬆輕盈。放入冰箱保存。

5　切碎巧克力，隔水加熱融化。

6　在75克依舊溫熱的英式蛋奶醬中加入擠乾水分的吉利丁。

7　英式蛋奶醬達到42℃之後，一次全部倒在融化的巧克力上。快速攪拌。

8　取三分之一的打發鮮奶油，快速拌入步驟7的材料。

9　拌入剩下的鮮奶油，混拌以達到鬆軟均勻的質地。

10　使用圍邊圍在模圈周圍，然後在底部鋪上一張塑膠片。

訣竅
Tips

在倒入牛奶巧克力巴巴露亞時，
可以加入帕林內脆片（p.306）增添酥脆口感。

11 在模圈中倒入第一層白巧克力，放入冷凍庫，於此同時製作牛奶巧克力。

12 以同樣的方式製作牛奶巧克力，在英式蛋奶醬中拌入吉利丁，然後把42℃的英式蛋奶醬一次全部倒在巧克力上。加入打發鮮奶油。

13 在模圈中倒入牛奶巧克力層，放入冷凍庫，同時製作黑巧克力層。

14 以同樣的方式製作黑巧克力，在英式蛋奶醬中拌入吉利丁，然後把42℃的英式蛋奶醬一次全部倒在巧克力上。加入打發鮮奶油。

15 在模圈中倒入黑巧克力層。

16 使用鋸齒刀橫剖出三片沙河蛋糕圓片。

17 放入1片沙河蛋糕，稍微往下壓，讓蛋糕跟模圈齊平。

18 放入冷凍庫1小時。

19 **完成**：翻轉多層次蛋糕，放在烤架上。

20 使用篩子和一片圓形紙板做為擋片，以可可粉篩出新月形狀。

21 使用曲柄抹刀，抹上無色透明鏡面果膠。

22 放上巧克力裝飾。

檢定
當日

在多層次蛋糕的模圈中烘烤蛋糕，可以避免浪費，
因為切出來的蛋糕圓片就是正確的尺寸。
組裝的時候，每鋪上一層巴巴露亞就送入冷凍庫，凝固後再倒入下一層。

Miroir aux fruits rouges

9 - 2

紅釅莓果鏡面蛋糕

1個直徑20公分
蛋糕

〔準備：1小時30分鐘／烹調：25分鐘／靜置：1小時〕

〔用具〕

+ 濾網
+ 附打蛋器的攪拌機
+ 烘焙紙
+ 刮刀
+ 擠花袋
+ 10號平口花嘴
+ 烤盤
+ 直徑20公分和直徑18公分、高均為4.5公分的多層次模圈
+ 打蛋器
+ 打蛋盆
+ 有柄平底深鍋
+ 烹調用溫度計
+ 碗
+ 錐形濾網
+ 攪拌棒
+ 塑膠片
+ 蛋糕圍邊
+ 水果刀
+ 曲柄抹刀
+ 噴槍
+ 烤架
+ 盤子
+ 圓形硬紙板

〔材料〕

勝利蛋白脆餅

+ 150克 ⋯⋯⋯⋯⋯ 糖粉
+ 25克 ⋯⋯⋯⋯⋯ 澱粉
+ 150克 ⋯⋯⋯⋯⋯ 杏仁粉
+ 130克 ⋯⋯⋯⋯⋯ 蛋白
+ 20克 ⋯⋯⋯⋯⋯ 細砂糖

有色鏡面淋醬

+ 75克 ⋯⋯⋯⋯⋯ 水
+ 13克 ⋯⋯⋯⋯⋯ 吉利丁
+ 150克 ⋯⋯⋯⋯⋯ 細砂糖
+ 150克 ⋯⋯⋯⋯⋯ 葡萄糖漿
+ 150克 ⋯⋯⋯⋯⋯ 象牙鏡面
+ 100克 ⋯⋯⋯⋯⋯ 甜煉乳
+ 色素

莓果慕斯

+ 8克 ⋯⋯⋯⋯⋯ 吉利丁
+ 30克 ⋯⋯⋯⋯⋯ 糖粉
+ 300克 ⋯ 黑醋栗草莓果泥
+ 300克 ⋯⋯⋯ 液態鮮奶油
+ 100克 ⋯⋯⋯ 馬斯卡彭乳酪

組裝

+ 100克 ⋯⋯⋯⋯⋯ 覆盆子
+ 100克 ⋯⋯⋯⋯⋯ 藍莓
+ 50克 ⋯⋯⋯⋯⋯ 桑葚

完成

+ 50克 ⋯⋯⋯⋯⋯ 覆盆子
+ 50克 ⋯⋯⋯⋯⋯ 桑葚
+ 30克 ⋯⋯⋯⋯⋯ 藍莓
+ 30克 ⋯⋯⋯⋯⋯ 紅醋栗
+ 花朵
+ 糖粉
+ 馬卡龍殼（非必要，p.209）

〔基礎應用〕

+ 勝利蛋白脆餅（p.226）
+ 莓果慕斯（p.252）
+ 有色鏡面淋醬（p.308）

甜點師
技法
⋯⋯⋯⋯⋯
蛋白打到緊實
裝填擠花袋
擠花
打發鮮奶油
多層次蛋糕淋面
模具防沾

〔做法〕

1　**勝利蛋白脆餅**：製作直徑18公分的2片勝利蛋白脆餅（p.226）。

2　**有色鏡面淋醬**：製作鏡面淋醬（p.308）。

3　**莓果慕斯**：製作莓果慕斯（p.252）。

4　**組裝**：在塑膠片上放一個模圈，於內部圍上圍邊。

5　在模圈中塗鋪少許莓果慕斯。

6　使用直徑18公分的模圈和水果刀切出2片齊整的勝利蛋白脆餅。

7　在模圈中放入1片勝利蛋白脆餅圓片，然後鋪入第二層莓果慕斯。

8　放入一層新鮮莓果，然後鋪上第三層莓果慕斯。

9　放入第二片勝利蛋白脆餅，輕輕下壓。

10　鋪入最後一層慕斯，然後使用曲柄抹刀抹平。

11　將多層次蛋糕放入冷凍庫1小時。

12　完成：蛋糕放到硬紙板上，然後移到反轉的打蛋盆上。以噴槍加熱模圈邊緣，讓脫模更容易。

13　仍舊處於冷凍狀態的多層次蛋糕移到架在大盤上的烤架上。

14　鏡面淋醬加熱到28-29℃，倒在多層次蛋糕上，以曲柄抹刀抹平表面。

15　多層次蛋糕移到一片大硬紙板圓片上，以裹上糖粉的莓果和花朵裝飾。也可以用馬卡龍殼沿著下緣周圍黏一圈做為裝飾。

訣竅
Tips

可以使用喜歡的莓果做出不同變化，
不論是現成果泥或使用非常熟甜的莓果現場攪打成泥。

**檢定
當日**

別太晚製作多層次蛋糕，這種蛋糕必須放入冷凍庫才方便脫模，
擁有齊整的外形。

Charlotte caramel aux poires

焦糖洋梨夏洛特

〔準備：1小時30分鐘／烹調：30分鐘／靜置：放入冷凍庫1小時或急凍箱20分鐘〕

〔用具〕

- 碗
- 有柄平底深鍋
- 打蛋器
- 打蛋盆
- 刮刀
- 烹調用溫度計
- 錐形濾網
- 冰塊
- 附打蛋器的攪拌機
- 抹刀
- 刮板
- 濾網
- 烘焙紙
- 擠花袋
- 平口花嘴
- 不銹鋼烤盤
- 甜點刷
- 平底鍋
- 直徑20公分、高4.5公分的模圈
- 勺子
- 曲柄抹刀

〔材料〕

焦糖巴巴露亞

- 6克 ……………… 吉利丁
- 165克 …………… 細砂糖
- 200克 …………… 牛奶
- 50克 ……………… 蛋黃
- 1根 …… 香草莢，縱切取籽
- 200克 …………… 鮮奶油

手指餅乾

- 125克 …………… 麵粉
- 100克 …………… 蛋黃
- 1根 …… 香草莢，縱切取籽
- 150克 …………… 蛋白
- 125克 …………… 細砂糖

30度糖漿

- 120克 …………… 細砂糖
- 100克 …………………… 水
- 20克 ……………… 洋梨烈酒

焦糖洋梨

- 100克 …………… 細砂糖
- 150克 …………… 洋梨罐頭
- 50克 ……………… 奶油

擺飾

- 300克 …………… 洋梨罐頭

8人份
1個直徑20公分
多層次蛋糕

甜點師
技法

攪打至變白
打發鮮奶油
煮到濃稠
裝填擠花袋
擠花
製作糖漿（p.28）
蛋白打到緊實
模圈鋪底

〔基礎應用〕

- 手指餅乾（p.214）
- 巴巴露亞蛋奶醬（p.248）

〔做法〕

1　**焦糖巴巴露亞**：取一碗冷水泡入吉利丁，使其吸收水分。

2　**在鍋中製作乾焦糖**：分批如雨狀撒入75克的糖，以中火開始熬煮，直到做出金黃的焦糖。

3　在焦糖上倒入熱牛奶加以稀釋。

4　根據巴巴露亞蛋奶醬（p.248）的做法製作焦糖巴巴露亞，以焦糖牛奶取代步驟2中的熱牛奶。放在冷涼處備用。

5　**手指餅乾**：製作手指餅乾（p.214），在步驟6停下。

6　裝填擠花袋，擠出兩條5×22公分的長方形和2個圓形，其中1個的直徑為20公分，另一個為15公分。送入烤箱烘焙15到20分鐘。

7　**30度糖漿**：使用此處的比例製作30度糖漿（p.28）。

8　**焦糖洋梨**：在平底鍋中，用糖製作乾焦糖。罐頭洋梨切丁，加到焦糖中混拌。放入奶油。洋梨必須沾滿焦糖。移到不銹鋼烤盤上，放入冰箱保存。

9　**組裝**：在模圈內壁圍上長條形手指餅乾，視需要切掉兩端，避免重疊。稍微將大圓片修邊，然後鋪在底部。

小心噴濺！最好能離火進行這道程序。

③

⑧

⑨

訣竅 Tips　運用製作此款巴巴露亞多層次蛋糕的技巧，可以變化出非常多口味，例如以開心果或巧克力為英式蛋奶醬增添風味、使用其他水分不多的水果等。

10   使用甜點刷沾上30度糖漿，塗刷手指餅乾。

11   在模圈底部倒入第一層焦糖巴巴露亞。

12   均勻鋪上非常冰涼的焦糖洋梨丁。

13   放入較小片的手指餅乾圓片，輕輕向下壓。使用甜點
       刷塗上糖漿。

14   倒入焦糖巴巴露亞直到裝滿模具。

15   用抹刀抹平，放入冷凍庫1小時以凝固。

16   罐頭洋梨切成極薄片，呈花圈狀放置在整個夏洛特表
       面上。

17   塗上一層非常薄的鏡面果膠。

(11)

(15)

檢定
當日

30度糖漿（p.28）可以應用在許多食譜，
記得在考試一開始就製作！

用刀尖挑起第一片放置的洋梨片，然後
把最後放置的洋梨片塞到它下方。

可以用水稀釋鏡面果膠，
使其變得更為稀薄。

(16)

(17)

Fraisier

9-4

草莓園蛋糕

〔準備：1小時30分鐘／烹調：25到35分鐘／靜置：30到45分鐘〕

〔用具〕

+ 濾網
+ 打蛋器
+ 附打蛋器的攪拌機
+ 刮刀
+ 刮板
+ 擠花袋
+ 平口花嘴
+ 烤盤
+ 烘焙紙
+ 有柄平底深鍋
+ 打蛋盆
+ 盤子
+ 保鮮膜
+ 水果刀
+ 直徑20公分、高4.5公分多層次蛋糕模
+ 蛋糕圍邊
+ 篩子
+ 甜點刷
+ 曲柄抹刀

〔材料〕

手指餅乾

+ 125克 ………… 麵粉
+ 100克 ………… 蛋黃
+ 1根 …… 香草莢，縱切取籽
+ 150克 ………… 蛋白
+ 125克 ………… 細砂糖

慕斯林奶油餡

+ 150克 ………… 奶油

卡士達醬

+ 350克 ………… 牛奶
+ 1根 …… 香草莢，縱切取籽
+ 50克 ………… 細砂糖
+ 60克 ………… 蛋黃
+ 35克 ………… 奶醬粉

草莓糖漿

+ 50克 ………… 水
+ 50克 ………… 細砂糖
+ 100克 ………… 草莓果泥

裝飾與完成

+ 500克 …… Gariguettes草莓
+ 紅色色素
+ 100克 …… 無色透明鏡面果膠
+ 30克 ……… 森林草莓、覆盆子、紅醋栗和開心果
+ 糖粉

8人份
1個直徑20公分
多層次蛋糕

甜點師
技法

蛋白打到緊實
裝填擠花袋
糊料打到發白
煮奶醬
霜化奶油
擠花
模圈防沾

〔基礎應用〕

+ 手指餅乾（p.214）
+ 慕斯林奶油餡（p.236）
+ 卡士達醬（p.232）

〔做法〕

1　**手指餅乾**：製作兩個手指餅乾圓片（p.214），停在步驟6。擠花袋裝上平口花嘴，在鋪了烘焙紙的烤盤上擠出2個直徑18公分的圓片。送入烤箱，烘烤15到20分鐘。

2　**慕斯林奶油餡**：製作慕斯林奶油餡（p.236）。

3　**草莓糖漿**：在鍋中煮沸水和糖，煮沸糖漿倒在草莓果泥上，混拌均勻。

4　**裝飾與完成**：100克草莓去掉蒂頭並切成兩半，剩餘的草莓切成四半。

5　使用圍邊圍住模圈內壁，然後放上切成兩半的草莓，切面貼著圍邊。

6　用小抹刀抹上慕斯林奶油餡。

7　小心拿起模圈，確認草莓之間都填滿慕斯林奶油餡，沒有孔隙。

8　用甜點刷蘸上草莓糖漿，塗刷在手指餅乾圓片上，然後將圓片放入多層次蛋糕的底部中央。

9　鋪上一層慕斯林奶油餡，然後以曲柄抹刀抹平。

10　放上一層切成四分之一的草莓片。

11　再鋪上一層慕斯林奶油餡，然後以曲柄抹刀抹平。

⑤

⑥

⑦

訣竅

Tips

裝填慕斯林奶油餡時盡量靠近草莓，使其能夠貼附在圍邊上。
使用小抹刀由下往上塗抹。

12　以草莓糖漿塗刷第二個手指餅乾圓片，然後將圓片放在慕斯林奶油餡上，輕輕向下壓，使其高度低於模圈。

13　鋪上最後一層慕斯林奶油餡，從內側向外側抹平。抹刀必須接觸奶油餡表面，兩手持刀進行抹平作業。

14　放入冰箱30到45分鐘，讓慕斯林奶油餡凝固。

15　在冰涼的多層次蛋糕表面，倒上少許紅色透明鏡面果膠。再於紅色果膠表面淋上無色鏡面果膠。再用抹刀抹平。

16　以撒上糖粉的紅色莓果裝飾。

以熱水沖抹刀，這樣可以讓表面更加平整並去除氣泡。

檢定
當日

選擇最漂亮且尺寸一致的草莓鋪在模圈邊緣。其餘的用在蛋糕內餡。
做好時間安排，在等待卡士達醬冷卻的時候組裝草莓。

Entremets royal chocolat

9-5

皇家巧克力蛋糕

8人份
1個直徑20公分
多層次蛋糕

〔準備：1小時45分鐘／烹調：50分鐘／靜置：1小時＋冷卻〕

〔用具〕

✦ 刀子
✦ 附葉片和打蛋器的
✦ 攪拌機
✦ 濾網
✦ 烘焙紙
✦ 打蛋盆
✦ 刮板
✦ 刮刀
✦ 烤盤
✦ 烤架
✦ 有柄平底深鍋
✦ 打蛋器
✦ 烹調用溫度計
✦ 擠花袋
✦ 平口花嘴
✦ 擀麵棍
✦ 錐形濾網
✦ 保鮮膜
✦ 鋸齒刀
✦ 直徑20和18公分、
　高均為4.5公分的多
　層次蛋糕模圈
✦ 蛋糕圍邊
✦ 抹刀
✦ 曲柄抹刀
✦ 1個直徑8公分切模

〔材料〕

沙河蛋糕

✦ 100克	50%杏仁膏
✦ 25克＋35克	細砂糖
✦ 50克	蛋
✦ 65克	蛋黃
✦ 30克	可可粉
✦ 90克	蛋白
✦ 30克	融化奶油

巧克力鏡面

✦ 280克	水
✦ 360克	細砂糖
✦ 120克	可可粉
✦ 210克	液態鮮奶油
✦ 14克	吉利丁

✦ 巧克力慕斯

✦ 60克	液態鮮奶油
✦ 190克	調溫苦甜巧克力
✦ 40克	細砂糖
✦ 10克	水
✦ 20克	葡萄糖漿
✦ 110克	蛋黃

打發鮮奶油

✦ 320克	液態鮮奶油

甜點師
技法

蛋白打到緊實
製作糖漿（p.28）
模具防沾
打發鮮奶油
製作炸彈蛋黃霜
擀麵
為多層次蛋糕製作淋面
裝填擠花袋
擠花

帕林內脆片

✦ 25克	白色鏡面淋醬
✦ 125克	榛果醬
✦ 90克	帕林內脆片

組裝

✦ 帕林內脆片方塊
✦ 金粉

〔基礎應用〕

✦ 沙河蛋糕（p.220）
✦ 巧克力慕斯（p.254）
✦ 帕林內脆片（p.306）
✦ 巧克力鏡面淋醬（p.310）

〔做法〕

1 **沙河蛋糕：**使用本食譜的比例製作沙河蛋糕（p.220）。

2 **巧克力鏡面淋醬：**製作巧克力鏡面淋醬（p.310）。

3 **帕林內脆片：**製作帕林內脆片（p.306）。

4 **巧克力慕斯：**製作巧克力慕斯（p.254）。在裝有平口花嘴的擠花袋中填入（p.30）
  100克做為裝飾用。放在冰箱冷藏。

5 **組裝：**使用鋸齒刀橫剖出三片沙河蛋糕圓片。

6 用蛋糕圍邊圍住模圈內部，然後用抹刀沿著邊緣填入巧克力慕斯。

7 在模圈底部中央放入1片沙河蛋糕。

8 填入一層巧克力慕斯，至模圈的一半高度。

9 撒上帕林內脆片。

10 再度填入一層巧克力慕斯，用抹刀抹平表面。

11 在中央放入第二片沙河蛋糕，稍微往下壓。

12 用慕斯填滿模圈，抹平表面。

⑥　　　　　⑦　　　　　⑨

訣竅
Tips

可以使用各種巧克力裝飾（p.290）
來為多層次蛋糕增色。

13   放入冷凍庫1小時。

14   在蛋糕仍舊處於冷凍狀態時脫模，以便獲得平滑的邊緣。移到硬紙板上，或架在大盤上的烤架。

15   鏡面淋醬加熱到28-29℃。立刻倒在多層次蛋糕上，以便覆蓋整個表面。

16   使用曲柄抹刀抹平。

17   以直徑8公分的切模在中間印出一個形狀，沿著形狀用巧克力慕斯擠花。

18   在慕斯上放幾個撒上金粉的帕林內脆片方塊，為裝飾完美收尾。

檢定
當日

趕快製作多層次蛋糕，它必須送入冷凍庫一段時間才方便脫模，
擁有平滑齊整的外觀。

Forêt noire

黑森林蛋糕

8人份
1個直徑20公分
蛋糕

〔準備：1小時30分鐘／烹調：20分鐘／靜置：35分鐘〕

甜點師
技法

**蛋白打到緊實
裝填擠花袋
擠花
模具防沾
製作糖漿**

〔用具〕

+ 附葉片和打蛋器的攪拌機
+ 濾網
+ 刮刀
+ 烘焙紙
+ 打蛋盆
+ 1個直徑16公分、高6公分模圈
+ 1個直徑20公分、高4.5公分模圈
+ 烤盤
+ 刮板
+ 烤架
+ 有柄平底深鍋
+ 打蛋器
+ 鋸齒刀
+ 盤子
+ 保鮮膜
+ 擠花袋
+ 10號平口花嘴和星形花嘴
+ 抹刀
+ 曲柄抹刀
+ 蛋糕圍邊
+ 甜點刷

〔材料〕

沙河蛋糕

+ 100克 ————— 50%杏仁膏
+ 25克 ————— 細砂糖
+ 50克 ————— 蛋
+ 65克 ————— 蛋黃
+ 35克 ————— 細砂糖
+ 30克 ————— 可可粉
+ 90克 ————— 蛋白
+ 30克 ————— 麵粉
+ 30克 ————— 融化奶油

巧克力甘納許

+ 90克 ————— 液態鮮奶油
+ 90克 ——— 調溫苦甜巧克力
+ 20克 ————— 奶油

香草夫人卡士達醬

+ 18克 ——— Mycryo®可可脂
+ 300克 ——— 打發鮮奶油

卡士達醬

+ 210克 ————— 牛奶
+ 1根 ——— 香草莢，縱切取籽
+ 30克 ————— 細砂糖
+ 22克 ————— 蛋黃
+ 15克 ————— 奶醬粉

塗刷用糖漿

+ 50克 ————— 細砂糖
+ 110克 ————— 水
+ 40克 ————— 櫻桃糖漿
+ 酒漬櫻桃

馬斯卡彭香堤伊鮮奶油

+ 160克 ————— 液態鮮奶油
+ 95克 ——— 馬斯卡彭乳酪
+ 1根 — 香草莢，縱切取籽
+ 20克 ————— 糖粉

組裝與完成

+ 175克 — 酒漬櫻桃或酒漬酸櫻桃
+ 20克 ————— 苦甜可可粉
+ 150克 — 巧克力裝飾（p.290）

〔基礎應用〕

+ 沙河蛋糕（p.220）
+ 卡士達醬（p.232）

〔做法〕

1 **沙河巧克力蛋糕**：使用此食譜的比例製作沙河蛋糕（p.220）。

2 **巧克力甘納許**：煮沸液態鮮奶油。

3 倒在切碎的巧克力上。

4 混拌至甘納許柔滑均勻，不要攪拌。

5 加入切塊的奶油並混合均勻。填入裝有10號平口花嘴的擠花袋（p.30），放入冰箱冷藏。

6 **香草夫人卡士達醬**：製作卡士達醬（p.232），在煮好卡士達醬後，於步驟5中加入可可脂。

7 使用裝上打蛋器的攪拌機打發液態鮮奶油至蓬鬆輕盈的狀態。

8 卡士達醬達到30℃之後，拌入打發鮮奶油。

9 以保鮮膜貼緊卡士達醬表面覆蓋，放入冰箱，趁此期間製作糖漿和巧克力裝飾。

10 **塗刷用糖漿**：水和糖放入鍋中煮沸。

11 冷卻後加入酒漬櫻桃糖漿。放在工作檯上備用。

12 **巧克力裝飾**：讓調溫巧克力結晶（p.290）。

13 使用蛋糕圍邊製作巧克力片（p.292）。

14 **組裝與完成**：使用鋸齒刀橫剖兩刀，切出3片圓形沙河蛋糕。

15 以甜點刷在蛋糕圓片上塗刷糖漿。

16 以蛋糕圍邊圍住模圈，再用抹刀塗上1公分厚的夫人卡士達醬。

訣竅
Tips

可以使用馬斯卡彭香堤伊鮮奶油取代香草夫人卡士達醬，製作更為傳統的蛋糕，這樣在組裝時可以節省時間。

17　在模圈底部中央放入1片沙河蛋糕。

18　以裝有10號平口花嘴的擠花袋，在沙河蛋糕圓片上擠出螺旋狀的甘納許。

19　在甘納許上放第二片蛋糕，稍微往下壓。

20　填入少許夫人卡士達醬，用抹刀抹平表面。以均勻分布的方式放上櫻桃。

21　放上第三片蛋糕圓片，稍微向下壓。

22　用夫人卡士達醬填滿模圈，再度抹平表面。放入冷凍庫15分鐘。

23　**馬斯卡彭香堤伊鮮奶油：**使用此食譜的比例製作馬斯卡彭香堤伊鮮奶油（p.230）。填入分別裝有15號平口花嘴與15號星形花嘴的擠花袋。放入冰箱保存。

24　蛋糕脫模，用曲柄抹刀移到硬紙板上。

25　交替使用平口花嘴和星形花嘴，在蛋糕表面擠出大小一致的水滴狀。

26　透過篩子撒上可可粉和糖粉。

27　以剩下的櫻桃和巧克力裝飾，讓蛋糕更添美觀。

檢定
當日

提早製作多層次蛋糕，以便蛋糕在低溫下凝固，更容易脫模。
黑森林蛋糕一定要經歷放入冷凍庫的過程。

Framboisier

9 - 7

覆盆子蛋糕

〔準備：1小時30分鐘／烹調：20分鐘／靜置：6小時40分鐘〕

〔用具〕

- 有柄平底深鍋
- 打蛋盆
- 打蛋器
- 盤子
- 保鮮膜
- 附打蛋器的攪拌機
- 刮板
- 刮刀
- 烘焙紙
- 粉篩
- 擠花袋
- 8號和13號平口花嘴
- 烤盤
- 1個直徑20公分不銹鋼模圈
- 原子筆
- 1個直徑18公分、高4.5公分模圈
- 抹刀
- 蛋糕圍邊
- 甜點刷
- 篩子

〔材料〕

卡士達鮮奶油

- 6克 ⋯⋯⋯⋯⋯ 吉利丁

卡士達醬

- 350克 ⋯⋯⋯⋯⋯ 牛奶
- 1根 ⋯⋯ 香草莢，縱切取籽
- 50克 ⋯⋯⋯⋯⋯ 細砂糖
- 60克 ⋯⋯⋯⋯⋯ 蛋黃
- 35克 ⋯⋯⋯⋯⋯ 奶醬粉

打發鮮奶油

- 380克 ⋯⋯⋯⋯ 液態鮮奶油

杏仁達克瓦茲

- 150克 ⋯⋯⋯⋯⋯ 糖粉
- 30克 ⋯⋯⋯⋯⋯ 麵粉
- 120克 ⋯⋯⋯⋯⋯ 杏仁粉
- 150克 ⋯⋯⋯⋯⋯ 蛋白
- 150克 ⋯⋯⋯⋯⋯ 細砂糖
- 50克 ⋯⋯⋯⋯⋯ 杏仁片

裝飾與完成

- 250克 ⋯⋯⋯⋯⋯ 覆盆子
- 30克 ⋯⋯ 無色透明鏡面果膠
- 40克 ⋯⋯⋯⋯⋯ 椰子粉
- 10克 ⋯⋯⋯⋯⋯ 糖粉
- 30克 ⋯⋯⋯⋯⋯ 覆盆子果漿
- 幾片薄荷

1個
直徑18公分
多層次蛋糕

甜點師
技法

糊料打至發白
打發鮮奶油
煮奶醬
蛋白打到緊實
裝填擠花袋
擠花

〔基礎應用〕

- 杏仁達克瓦茲（p.223）
- 卡士達鮮奶油（p.234）
- 卡士達醬（p.232）

〔做法〕

1　**卡士達鮮奶油**（p.234）：取一碗冷水浸泡吉利丁，同時間製作卡士達醬（p.232），之後加入擠乾水分的吉利丁並混拌均勻。

2　倒入已鋪上保鮮膜的盤子，然後以另一張保鮮膜緊貼表面覆蓋。放入冰箱冷藏約1小時，或冷凍20分鐘。

3　**杏仁達克瓦茲**：使用此食譜的比例製作2個杏仁達克瓦茲（p.223）。擠出2個直徑16公分的圓片。

4　**裝飾與完成**：完成卡士達鮮奶油：以裝上打蛋器的攪拌機打發液態鮮奶油，然後拌入事先已攪打至滑順的卡士達醬，取半量填入裝有13號平口花嘴的擠花袋（p.30）。

5　用蛋糕圍邊圍住模圈內部，再用刮刀抹上一圈薄薄的卡士達鮮奶油。

6　修切達克瓦茲的邊緣，使其成為直徑16公分的平整圓形。

7　在模圈底部中央放入第1片達克瓦茲。

8　擠出螺旋狀的卡士達鮮奶油，覆蓋整個達克瓦茲表面。

輕壓蛋白餅可避免蛋糕中產生氣泡。

9　放滿一整層覆盆子，凹洞處向下。

10　薄薄鋪上第二層鮮奶油，以抹刀抹平。

11　放上第二片達克瓦茲圓片，稍微往下壓。

12　加入最後一層薄薄的卡士達鮮奶油，以抹刀抹平表面，使其與模圈邊緣齊平。

13　在蛋糕外圍擠上一圈水滴狀卡士達鮮奶油。

14　放入冷凍庫40分鐘。

15　蛋糕脫模。

16　使用甜點刷，在邊緣塗上一層無色透明鏡面果膠。

17　黏上椰子片。

18　以覆盆子裝飾蛋糕中央。

19　取幾顆覆盆子，在凹洞中擠入果漿，其餘沾上糖粉。放上幾片薄荷葉，在邊緣以篩子撒上糖粉。

20　放入冰箱2小時後即可品嘗。

訣竅

Tips

可以變換使用不同的紅色莓果：草莓、森林草莓、櫻桃等。

⑬

⑯

⑱

檢定當日　這款多層次蛋糕甜度略高，所以必須使用非常成熟的高品質覆盆子。考試時盡早製作覆盆子蛋糕，因為必須冷藏2小時才能品嘗。

Les
décors

Part 10

装飾

Chocolat
mise au point + décors
10-1

TECHNIQUE
看影片學技法

巧克力調溫＋裝飾

〔準備：30分鐘〕

> 定義：利用此技巧可製作出富有光澤且容易脫模的巧克力裝飾，
> 重點在於讓巧克力歷經不同的溫度：先加熱，再冷卻，然後再度加熱。
> 不同的巧克力類型有不同的溫度曲線。最好使用富含可可脂的調溫巧克力。

〔用具〕

✦ 打蛋盆
✦ 烹調用溫度計
✦ 刮刀
✦ 大理石、花崗岩或石英工作檯面
✦ 抹刀
✦ 水果刀
✦ 塑膠片
✦ 輪刀
✦ 大刀（主廚刀）
✦ 三角鏟
✦ 膠帶捲
✦ 烘焙紙（製作擠花三角錐用）

你知道嗎？

別搞混調溫巧克力與非調溫巧克力。後者的可可脂含量較少，且不需要調溫，通常用於製作甘納許或含有其他油脂來源的巧克力醬。

調溫巧克力更常用於塗覆、製作模型、裝飾和慕斯。

〔應用〕

✦ 黑森林蛋糕（p.281）
✦ 三重巧克力蛋糕（p.261）

調溫曲線

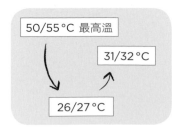

50/55°C 最高溫
→ 31/32°C
26/27°C ↗

調溫融化苦甜巧克力

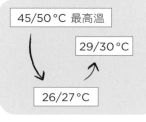

45/50°C 最高溫
→ 29/30°C
26/27°C ↗

調溫牛奶巧克力

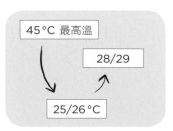

45°C 最高溫
→ 28/29
25/26°C ↗

調溫象牙巧克力或白巧克力

〔做法〕

1　調溫：以隔水加熱法融化調溫巧克力，直到達到溫度曲線的第一個溫度。

2　三分之二的份量倒在大理石工作檯面上。使用三角鏟和抹刀混拌。

3　在大理石表面抹平巧克力，使其在接觸表面時冷卻，再將巧克力推回中央。
　　然後再次抹平，使其達到溫度曲線的第二個溫度。此時調溫巧克力的質地應
　　該如同甘納許，冷卻時會變得濃稠。

4　把操作過的巧克力倒回裝有剩餘溫熱巧克力的容器。攪拌以達到溫度曲線的
　　第三個溫度。

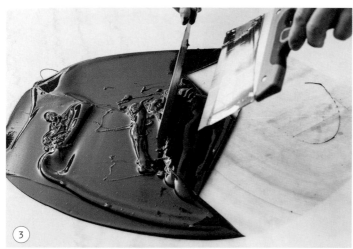

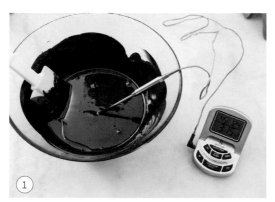

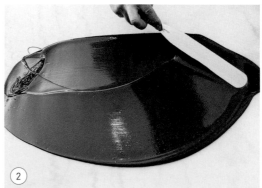

檢定
當日

絕對不可直火融化調溫巧克力，以免燒焦。
不要與水或含水的物質一起攪拌。

〔巧克力裝飾〕

1　在塑膠片表面倒上調好溫的巧克力。

2　使用大抹刀，仔細在塑膠片上抹平調溫巧克力，故意超出塑膠片。

3　以刀尖沿著塑膠片的邊緣切下，然後拿起。

4　視工作場所的溫度而定，需要1到3分鐘凝固：調溫巧克力開始結晶。

5　以三角鏟清潔工作檯面。

6　若要製作尺寸不同的三角型裝飾，請從巧克力片的端點開始切割三角形。

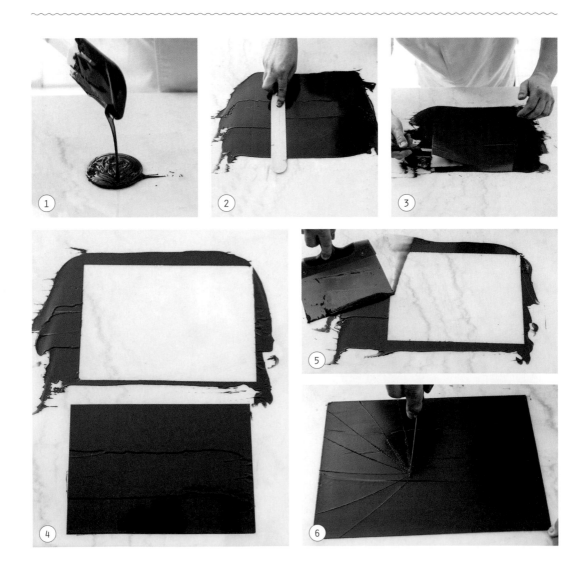

7   若要製作小方片：使用輪刀切割出相交的直線。

8   若要製作尺寸相同的三角形薄片，以大刀（主廚刀）從塑膠片的寬邊切出三角形。

9   捲起塑膠片即可製作圓筒形巧克力。

10   以膠帶固定塑膠圓筒。

11   如果在高溫處工作，請讓裝飾品在冰箱中結晶。請勿超過15分鐘，因為這個環境十分潮濕。

12   準備裝飾蛋糕時，才將裝飾品脫模。

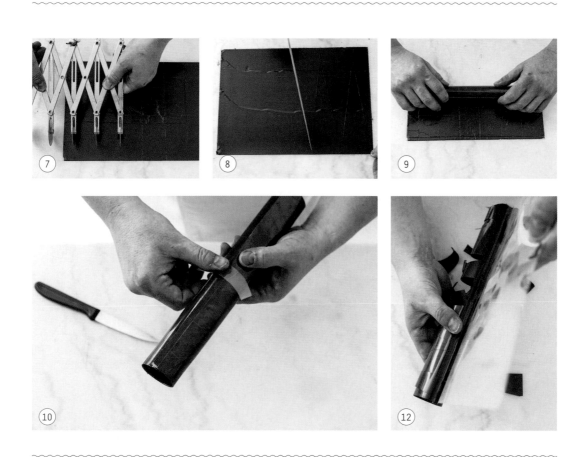

〔以圓錐擠花袋製作裝飾〕

1　用烘焙紙裁切出一個三角形。左手拇指和食指拿住最寬邊的中點。

2　右手朝內捲起紙張，形成錐狀。

3　烘焙紙的大角往圓錐內側反折。

4　完成圓錐擠花袋。

5　在圓錐擠花袋中裝入約半滿的調溫巧克力。

6　每邊往中間折起，讓圓錐擠花袋呈封閉狀。

①

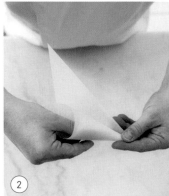

②

反折紙角可以讓圓錐
擠花袋不致散開。

③

④

⑥

7　　從先前折痕的另一邊，把上緣往下折。

8　　用剪刀在圓錐擠花袋尖端剪一個小孔。

9　　圓錐擠花袋握在拇指、食指和中指之間。拇指從圓錐擠花袋上端施加穩定的力道擠出巧克力。壓力需與你操作圓錐擠花袋的速度成比例。

10　每製作一個圖樣就暫停片刻，形成有韻律的動作。

11　「滑動牽引法」可用來裝飾所有直向與橫向表面。拿著圓錐擠花袋使孔口傾斜，與裝飾表面呈30度角，像用鉛筆書寫一般。

12　「垂直法」則是以垂直方式拿住圓錐擠花袋，距離要裝飾的表面約5公分。控制流量讓巧克力線條連續不斷且大小一致。

Décors en pâte d'amande

〔10-2〕

杏仁膏裝飾

〔準備：根據裝飾物不同，約需15到30分鐘〕

此裝飾由日本甜點師Yuka Hayakawa製作，以杏仁膏製作裝飾是他的專長。

你知道嗎？
Yuka混合50%裝飾用白色杏仁膏與50%的翻糖，製作出這些裝飾。

〔用具〕

✦ 附打蛋器和葉片的攪拌機
✦ 刀子
✦ 刷子
✦ 翻糖工具

〔材料〕

✦ 市售裝飾用杏仁膏

翻糖

✦ 500克 ⸺⸺⸺⸺⸺⸺ 糖粉
✦ 5克 ⸺⸺⸺⸺⸺⸺ 蛋白粉
✦ 30克 ⸺⸺⸺⸺⸺⸺ 水
✦ 70克 ⸺⸺⸺⸺⸺⸺ 葡萄糖

黏著各部件用的蛋白糖霜

✦ 30克 ⸺⸺⸺⸺⸺⸺ 蛋白
✦ 150克 ⸺⸺⸺⸺⸺⸺ 糖粉

訣竅
Tips

建議各位使用市售裝飾用杏仁膏和翻糖，
以裝有葉片的攪拌機攪拌。放在冰箱可保存數週。

檢定當日

＊此處製作三個可能在CAP遇到的主題：
7月14日法國國慶日、新生兒派對和運動賽事（玩橄欖球的松鼠）。
希望在檢定當日，成為你裝飾多層次蛋糕的靈感來緣。
＊考試當天，不能攜帶自己的翻糖或杏仁膏，
因此練習時請使用市售裝飾用杏仁膏。

〔做法〕

1 **翻糖：**攪拌機裝上打蛋器，在攪拌缸中放入糖粉。加入乾蛋白粉、水和葡萄糖漿的混合物。攪拌以做出翻糖。

2 倒在工作檯面上，用手掌揉壓翻糖。

3 為攪拌機裝上葉片，攪打翻糖與杏仁膏，塑形成圓球狀，並以保鮮膜貼附表面包覆。

4 **蛋白糖霜：**攪打蛋白和糖粉，直到質地類似卡士達醬。

5 **以製作嬰兒為範例：**用手揉捏杏仁膏，使其變得容易操作。

6 **開始製作頭部：**用杏仁膏揉出一個小球，以食指輕壓，做出凹痕。

7 點兩個小洞做為眼睛。

8 把形狀重整為圓形/橢圓。

9 在頭的下半部插一個小洞，做為嘴巴。

10 揉兩個小球做成耳朵，黏在頭部兩側，按壓小球中間，使其形狀更像耳朵。

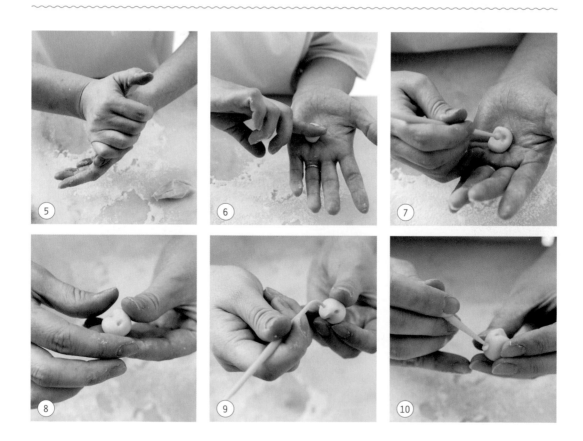

11　用鑷子放上睫毛。

12　在小孔中加上兩個小球做為眼瞼。

13　繼續製作嬰兒的身體。做出一個兩端尖的橢圓形。

14　用刀子將尖端從中切開，做為手腳。

15　稍微分開其中一端的兩邊，做成腿腳。

16　將另一邊的兩邊末端反折，做出手臂。

17　用蛋白糖霜組合身體和頭部。經過2小時乾燥後才能組裝在蛋糕上。

18　用紅色色素稍微替臉頰上色。

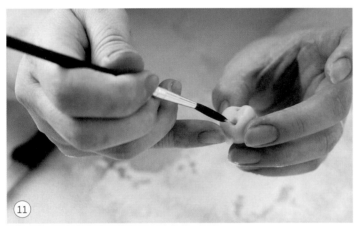

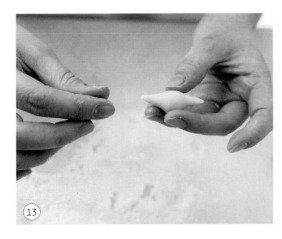

Mise au point d'un fondant

〔10-3〕

翻糖調溫

〔準備：10分鐘／靜置：10分鐘〕

定義：以糖和水製作，質地黏稠且緊緻，通常用來做修女泡芙、閃電泡芙和其他甜點的翻糖面。

你知道嗎？

可根據你想要的用途，利用各種形式的翻糖。如果是做為甜點的翻糖面，通常使用軟翻糖。

〔用具〕

✦ 有柄平底深鍋
✦ 刮刀

〔應用〕

✦ 開心果閃電泡芙（p.99）
✦ 巧克力修女泡芙（p.102）

〔材料〕

✦ 不同口味的翻糖：可加入開心果膏、可可膏、咖啡萃取液或香草等。
✦ 色素

訣竅
Tips

你可運用喜歡的香氣來為翻糖增添風味：橙花、玫瑰、紫羅蘭等，發揮無窮的創意。

檢定當日

如果翻糖超過37℃，加入少許冷翻糖讓溫度下降。

〔做法〕

1 在夠大的鍋子中放入想要的翻糖量，以便能浸入泡芙或閃電泡芙。

2 注入熱水蓋過翻糖。

3 浸泡約10分鐘。

4 倒出鍋中所有的熱水。

5 以刮刀翻拌翻糖，稍微加熱：不能超過37℃。

6 翻糖達到所要溫度後，加入想要的口味和色素。

7 視需要加入30度糖漿（p.28），調整翻糖的稠度。

8 用刮刀檢視如緞帶般的翻糖質地。到此程度即可使用翻糖，但請小心將溫度維持在37℃。

加熱翻糖時請務必不斷攪拌。

Sucre cuit caramel

10-4

熬糖／焦糖

〔準備：5分鐘／烹調：10分鐘〕

定義：金黃色的熬糖，可做為裝飾或加入餡醬中增添風味。

600克熬糖
焦糖

你知道嗎？
葡萄糖可讓焦糖更加穩定，保存時間更長。

〔用具〕

+ 有柄平底深鍋
+ 甜點刷
+ 烹調用溫度計
+ 打蛋盆
+ Silpat®不沾烘焙墊

〔應用〕

+ 莎隆堡泡芙（p.111）
+ 焦糖洋梨夏洛特（p.269）

〔材料〕

+ 500克 ⸺⸺⸺⸺ 砂糖
+ 175克 ⸺⸺⸺⸺ 水
+ 50到150克 ⸺ 葡萄糖漿（根據要製作的焦糖量而定）

訣竅
Tips

如果要製作液態焦糖或鹹奶油焦糖醬，
只需離火，並以水或液態鮮奶油和半鹽奶油稀釋煮好的焦糖即可。

檢定
當日

以最乾淨的方式製作，
任何雜質都可能讓糖凝結，無法成功製作焦糖。

〔做法〕

1　在非常乾淨的鍋中，煮沸水和糖。

2　加入葡萄糖。

3　以非常乾淨的甜點刷清理鍋壁，然後浸入水中，清除噴濺物，避免鍋壁上的糖太快焦糖化。

4　以大火加溫至168℃到178℃之間，根據想要的顏色而定。

5　鍋子移到裝了水的打蛋盆中，停止繼續加溫。

6　立刻把焦糖倒在Silpat®不沾烘焙墊上，或加入少許水分加以稀釋，並立刻用於要做的甜點中。

也可以蓋上鍋蓋，
讓蒸氣自動幫忙清理。

③

④

⑤

⑥

Nougatine

10-5

牛軋糖

〔準備：5分鐘／烹調：20分鐘〕

定義：混合焦糖和杏仁，又稱為脆糖或棕色牛軋糖，用來做為裝飾。

1.1公斤
牛軋糖

甜點師
技法
───────
擀麵

〔用具〕

✦ 有柄平底深鍋
✦ 甜點刷
✦ 刮刀
✦ Silpat®不沾烘焙墊
✦ 擀麵棍
✦ 刀子

〔應用〕

✦ 巴黎布雷斯特泡芙（p.107）

〔材料〕

✦ 400克 ·········· 葡萄糖漿
✦ 25克 ·················· 水
✦ 500克 ·········· 細砂糖
✦ 350克 ·········· 切碎杏仁

檢定
當日

工作檯和用具
都必須抹油。

〔做法〕

1　在非常乾淨的鍋中，將水和葡萄糖煮到沸騰。

2　分批慢慢加入細砂糖。

3　以非常乾淨的甜點刷清理鍋壁，然後浸入水中，清除噴濺物，避免鍋壁上的糖太快焦糖化。

4　在155℃的烤箱中烘烤切碎杏仁10分鐘。

5　以大火加熱糖漿，直到成為淺色焦糖。

6　一次將所有杏仁倒入焦糖中。

7　攪拌直到獲得均勻的質地。

8　牛軋糖倒在抹油的烤盤或Silpat®不沾烘焙墊上。用擀麵棍擀薄。

9　立刻用刀子切成想要的形狀。放在密封盒中可保存數日。

如果沒有葡萄糖，可以使用100%的細砂糖製作牛軋糖。以葡萄糖製作可以保存較長時間。

在成品仍然溫熱時擀薄，這樣比較容易做出非常薄的牛軋糖。

Praliné feuilleté

10-6

帕林內脆片

〔準備：10分鐘／烹調：5分鐘／靜置：20分鐘〕

定義：酥脆的混合物，基底為牛奶巧克力、帕林內和薄捲餅碎片。

600克
帕林內脆片

甜點師
技法

擀麵

〔用具〕

✦ 烹調用溫度計
✦ 抹刀
✦ 烘焙紙
✦ 烤盤
✦ 食物調理機
✦ 有柄平底深鍋
✦ 打蛋盆
✦ 刮刀
✦ 擀麵棍
✦ 塑膠片或烘焙紙
✦ 刀子

〔材料〕

✦ 50克 ⋯⋯⋯⋯⋯ 牛奶巧克力
✦ 15克 ⋯⋯⋯⋯⋯ 奶油
✦ 100克 ⋯⋯⋯⋯ 薄捲餅碎片

帕林內（450克）

✦ 200克 ⋯⋯⋯⋯⋯ 細砂糖
✦ 65克 ⋯⋯⋯⋯⋯⋯ 水
✦ 125克 ⋯⋯⋯⋯ 去皮榛果
✦ 半根 ⋯⋯ 香草莢，縱切取籽

〔應用〕

✦ 巴黎布雷斯特泡芙（p.107）
✦ 皇家巧克力蛋糕（p.277）

〔做法〕

1 **帕林內：** 在鍋中加熱糖和水，直到溫度達120℃。加入堅果，以小火煮10分鐘以形成焦糖，不斷用鍋鏟攪拌。

2 倒在鋪了烘焙紙的烤盤上，在室溫下冷卻。

3 以食物調理機攪打成滑順的醬狀。存放在遠離高溫、濕氣和光線的地方。

4 **帕林內脆片：**以隔水加熱法融化牛奶巧克力，帕林內和奶油，使用刮刀攪拌。

5 加入薄捲餅碎片。

6 攪拌直到獲得質地均勻的成品。

7 使用擀麵棍，將放在兩片塑膠片或烘焙紙之間的帕林內脆片擀成4公釐厚。

8 放入冷凍庫20分鐘。

9 以刀子將非常冰涼的帕林內脆片切成小方塊，每邊1公分。

10 保存在冷凍庫中。

檢定
當日

如果沒有時間自製帕林內，請使用手邊可用的成品。

Glaçage miroir coloré

10 - 7

有色鏡面淋醬

〔準備：15分鐘／烹調：10分鐘／靜置：1小時〕

定義：用於淋覆蛋糕和多層次蛋糕表面的有色光澤鏡面。

600克
有色鏡面淋醬

〔用具〕

✦ 碗

✦ 有柄平底深鍋

✦ 打蛋器

✦ 錐形濾網

✦ 打蛋盆

✦ 攪拌棒

✦ 保鮮膜

✦ 烘焙用溫度計

〔材料〕

✦ 13克	吉利丁
✦ 75克	水
✦ 150克	細砂糖
✦ 150克	葡萄糖
✦ 100克	甜煉乳
✦ 150克	象牙鏡面
✦ 色素	

〔應用〕

✦ 紅灩莓果鏡面蛋糕（p.265）

訣竅
Tips

鏡面淋醬放在冰箱中可保存數日，
多做的部分可保存起來留待下次使用。

**檢定
當日**

加熱鏡面時，小心不要拌入氣泡，這會破壞淋醬光滑的質感。
澆淋鏡面時，蛋糕必須處於冷凍狀態。

〔做法〕

1　取一碗非常冰冷的水浸泡吉利丁。

2　鍋中放入水、糖和葡萄糖加熱至沸騰，製成糖漿。

3　在糖漿中倒入甜煉乳，用打蛋器攪拌。

4　加入擠乾水分的吉利丁，攪拌均勻。

5　加入象牙鏡面攪拌，直到獲得平滑均勻的質地。

6　以錐形濾網過篩到打蛋盆中。

7　加入色素。

8　使用攪拌棒混合鏡面淋醬，小心不要打入空氣。

9　使用保鮮膜貼著表面包覆，放入冰箱冷藏1小時。

10　以隔水加熱法，加熱鏡面淋醬到28-29℃，倒在冷凍的多層次蛋糕表面。

依照想要的顏色，加入所需的色素量。

Glaçage miroir chocolat

10-8

巧克力鏡面淋醬

TECHNIQUE
看影片學技法

〔準備：20分鐘／烹調：10分鐘／靜置：1小時〕

定義：富有光澤的巧克力鏡面，用於淋覆蛋糕和多層次蛋糕。

900克巧克力
鏡面淋醬

〔用具〕

✦ 有柄平底深鍋
✦ 刮刀
✦ 打蛋器
✦ 錐形濾網
✦ 打蛋盆
✦ 保鮮膜
✦ 烹調用溫度計

〔材料〕

✦ 14克 ⋯⋯⋯⋯⋯⋯⋯ 吉利丁
✦ 280克 ⋯⋯⋯⋯⋯⋯⋯ 水
✦ 360克 ⋯⋯⋯⋯⋯⋯ 細砂糖
✦ 120克 ⋯⋯⋯⋯⋯⋯ 可可粉
✦ 210克 ⋯⋯⋯⋯ 液態鮮奶油

〔基礎應用〕

✦ 巧克力塔（p.77）
✦ 皇家巧克力蛋糕（p.277）
✦ 巧克力堅果長條蛋糕（p.165）

訣竅

Tips

這款鏡面淋醬可以放在冰箱中保存5天，
也可以冷凍。

檢定
當日

加熱鏡面時，小心不要拌入氣泡，這會破壞淋醬光滑的質感。
使用刮刀小心攪拌。澆淋鏡面時，蛋糕必須處於冷凍狀態。

〔做法〕

1　取一碗非常冰冷的水浸泡吉利丁。

2　鍋中放入水和糖加熱至沸騰，製成糖漿。

3　在糖漿中加入可可粉，混合後再次煮到沸騰，以刮刀攪拌。

4　一邊攪拌，一邊加入乳脂比例較低的鮮奶油。

5　以中火加熱7分鐘，在過程中用打蛋器不斷攪拌。

6　離火後加入擠乾水分的吉利丁。

7　以錐形濾網過篩到打蛋盆中。

8　以保鮮膜緊貼表面覆蓋，保存在冰箱中1小時。

9　隔水加熱鏡面至28-29℃，淋在處於冷凍狀態的多層次蛋糕上。

為避免結塊，請在拌入可可粉前先過篩。

③

④

⑥

⑦

⑨

Framboises pépins

10-9

覆盆子醬

TECHNIQUE

看影片學技法

〔準備：5分鐘／烹調：10分鐘〕

定義：用來做為甜點內餡的覆盆子果醬。

750克
覆盆子醬

〔用具〕

✦ 有柄平底深鍋
✦ 刮刀
✦ 打蛋器
✦ 烹調用溫度計
✦ 盤子
✦ 保鮮膜

〔材料〕

✦ 500克 ⋯⋯⋯⋯⋯ 冷凍覆盆子
✦ 500克 ⋯⋯⋯⋯⋯⋯ 細砂糖

〔應用〕

✦ 覆盆子杏仁塔（p.55）
✦ 草莓香堤伊鮮奶油塔（p.81）
✦ 覆盆子香堤伊泡芙（p.95）

訣竅
Tips

這其實就是果醬，
可以使用其他水果以同樣方式製作。

檢定當日

密切監控火候，
必須非常精確操作才能獲得理想的質地。

〔做法〕

1   鍋中放入覆盆子和糖。

2   使用刮刀攪拌,煮至沸騰。

3   以大火加熱,並用打蛋器不斷攪拌,避免過早焦
     糖化。

4   使用烹調用溫度計監測溫度,必須加熱到104℃。

5   倒入長方形盤中,以保鮮膜緊貼表面包覆。

6   放入冰箱保存。

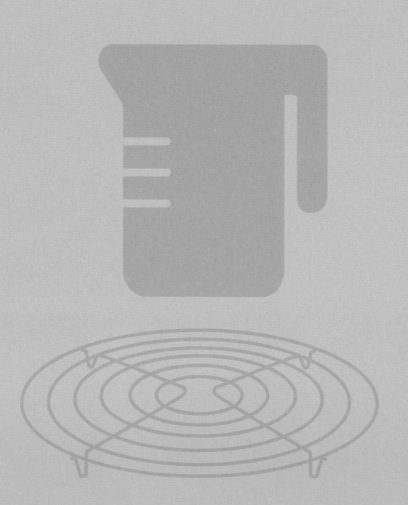

Annexes

附錄

Glassaire et index
des gestes techniques
技法解釋與索引

擀麵
✦ 技法 p.34

使用擀麵棍或壓麵機擀平麵皮。

打到發白
✦ 技法 p.232

快速攪打材料，使其呈現有光澤的慕斯狀。

模具防沾／鋪邊
✦ 技法 p.266

以烘焙紙或蛋糕圍邊，或直接以奶醬、慕斯或油脂和麵粉覆蓋模具或模圈的內部表面。

霜化奶油
✦ 技法 p.36

攪拌奶油，直到質地變得柔軟滑順。

結殼
✦ 技法 p.209

在烘烤之前讓馬卡龍殼乾燥，使其表面稍微變硬，以手指觸摸不會沾黏。

製作奶醬
✦ 技法 p.232、240 & 246

製作卡士達醬、布丁蛋奶醬和英式蛋奶醬的技法（參閱「煮到濃稠」）。必須小心煮奶醬的火候，因為其中含有蛋，很快就會凝固。

煮到濃稠
✦ 技法 p.246

某些奶醬必須久煮（例如英式蛋奶醬），藉由蛋黃的半凝結作用，讓液體變得濃稠。奶醬要煮到可沾附在鍋鏟表面，且用手指劃過可以留下一道不會消散的痕跡。

以圓錐擠花袋裝飾
✦ 技法 p.294

用烘焙紙捲起成錐狀，就成為圓錐擠花袋。裝入餡料（通常是巧克力），即可裝飾甜點。

塑形
✦ 技法 p.135

為麵包、布里歐許、牛奶麵包或可頌等麵團，做出特別的形狀。

圈鋪底
✦ 技法 p.34

使用麵皮鋪填模圈內部。

揉麵
✦ 技法 p.34

在工作檯面上用手掌壓扁麵團並往前推，讓麵團更加均勻。

〔針對每個技法，找到對應的頁面和逐步圖片解說。〕

填裝擠花袋

✦ 技法 p.30

在裝有花嘴的擠花袋中填入材料的技法，需要專業能力才能做倒，請參閱P.30的解釋。

淋覆鏡面

✦ 技法 p.77

均勻地在塔、多層次蛋糕或長條蛋糕上淋覆鏡面。

發麵

✦ 技法 p.121

讓發酵麵團在約30℃膨脹成兩倍大體積。

調溫

✦ 翻糖 p.300
✦ 巧克力 p.290

掌握材料的溫度，使其能夠輕鬆使用或產生富光澤的成果。

馬卡龍化

✦ 技法 p.209

以刮刀由下往上混拌糊料，稍微使麵糊落下形成緞帶狀，變得光滑。

打發

✦ 技法 p.202 & 230

使用打蛋器攪打材料，拌入空氣以增加體積。

揉麵

✦ 技法 p.121

混合不同材料，根據揉麵時間長短，做出有筋度或無筋度，光滑均質的麵團。

擠花

✦ 技法 p.73 & 91

使用擠花袋為材料做出形狀。

製作炸彈蛋黃霜

✦ 技法 p.243 & 254

掌握以蛋或蛋黃為基礎的糊料製作，在其中加入糖漿或焦糖，然後攪拌至冷卻。

製作糖漿

✦ 技法 p.28 & 302

掌握糖和水的加熱程度，根據不同的應用有不同的比例和溫度。

沙化

✦ 技法 p.34

混合奶油和麵粉，直到質地呈沙狀。

蛋白打到緊實

✦ 技法 p.202

快速攪打蛋白，在過程中分批加入糖，使蛋白變得緊實均質。

Acknowledgments

致謝

達米安主廚：

感謝我的老友賀吉斯主廚。感謝甜點大師菲利普・康帝西尼（Philippe Conticini）不吝指導。感謝支持我的家人，以及對我充滿耐心的學生。感謝在人生中與我相遇的好人，例如克里斯多福主廚和Georges Roux先生。感謝參與本書製作的團隊實現了如此美好的作品。

賀吉斯主廚：

感謝我的妻子Anne一直支持我。感謝我的好友達米安主廚，帶我一起踏上這段美麗的人生旅程，謝謝你的無私與寬厚。感謝我們的助理Daniel Bertrand辛勤工作，200％投入。感謝Yuka Hayakawa與我們分享高超的工藝技術。感謝www.les-pastilles.com Amélie Roche 的出色照片。感謝Alice Gouget、 Claire Dupuy 和所有Éditions Alain Ducasse團隊的親切友好、熱心相助及寶貴建議。